CONTENTS

KB153795

실전 모의고사

시험장에서
반드시(必)
통하는(通)

실/전/모/의/고/사

생물

PREFACE

높은 청년실업률과 낮은 취업률이 사회적 문제로 반복적으로 지적되는 가운데 몇 년째 꾸준히 이어지는 공무원 시험의 인기는 2019년에도 변함없었습니다.

2013년부터 고교 졸업자의 공무원 진출 기회 확대를 위해 선택과목으로 사회, 수학, 과학 등 3과목이 새롭게 편성되었고, 직렬별 필수과목에 속해있던 행정학개론이 선택과목으로 분류가 되었습니다. 또한 시험의 난도는 이전보다 쉽게 출제될 것이라는 예상이 대부분인 가운데, 합격선이 점차 올라가고 있는 상황인 만큼 합격을 위한 철저한 준비가 더욱 필요하게 되었습니다.

수학은 새롭게 개편된 공무원 시험의 선택과목 중 하나이지만 수학을 선택하는 대부분의 수험생이 90점 이상의 고득점을 목표로 하는 과목으로 한 문제 한 문제가 시험의 당락에 영향을 미칠 수 있는 중요한 과목입니다. 특히 9급 공무원 수학 시험의 범위가 문과와 이과를 포함한 전반적인 고등수학이라는 점과, 현재 시행되고 있는 대학수학능력시험보다 난도가 비교적 낮게 출제된다는 점에서 합격을 위해서는 반드시 고득점이 수반되어야 한다는 것을 알 수 있습니다.

본서는 9급 국가직 및 지방직 공무원 수학시험의 출제경향을 파악하고 중요 내용에 대한 확인이 가능하도록 하였습니다. 또한 출제 가능성이 높은 다양한 유형의 예상문제를 실제 기출문제의 구성과 최대한 유사하게 수록하여 학습내용을 최종 점검할 수 있도록 하였습니다.

신념을 가지고 도전하는 사람은 반드시 그 꿈을 이룰 수 있습니다. 서원각 필통(必通) 시리즈와 함께 공무원시험 합격이라는 꿈을 이룰 수 있기를 바랍니다.

STRUCTURE

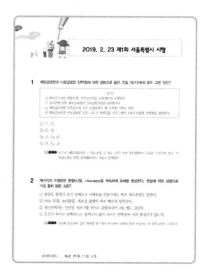

실전모의고사 25회 + 최근기출문제분석

1_ 최근 시행된 9급 국가직, 지방직 기출 문제를 내용별·유형별 분석하고, 가장 출제 빈도가 높은 것을 뽑아 이를 변형하여 새로운 문제를 만들었다. 나온 문제는 또 나오기 때문이다.

2_ 한 회의 문제를 구성하는 데 있어 기출문제의 구성과 최대한 유사하게 만들었다.

3_ 최근 시행된 기출문제를 상세한 해설과 함께 수록하여 실제 시험의 출제경향 파악 및 난도를 한 눈에 파악할 수 있도록 하였다.

정확하고 상세한 해설을 실었다.

1_ 우선 출제 의도와 문제의 핵심을 정확하게 짚어주는 해설을 하였다. 그리고 기본서를 다시 공부할 필요가 없도록 이와 관련된 개념, 원리, 확장된 내용까지 상세하게 해설하였다.

2_ 오답에 대해서도 꼼꼼히 설명하였다. 오답도 언제든지 정답이 될 수 있기 때문이다. 그리고 오답을 통해 그와 관련된 내용을 정리할 수 있기 때문이다.

생물

9급 국가직 · 지방직 공무원시험대비
실전 모의고사

실전 모의고사 1회

정답 및 해설 P.154

1 세포소기관을 원심 분리할 때 가장 먼저 분리되는 것은?

① 핵
② 리보솜
③ 골지체
④ 미토콘드리아

2 다음의 세포 소기관 중에서 막 구조를 가지지 않는 것은?

① 소포체
② 엽록체
③ 골지체
④ 리보솜

3 다음 중 일반적인 생태 피라미드에 대한 설명으로 옳은 것을 모두 고른 것은?

> ㉠ 개체수는 생산자가 가장 많다.
> ㉡ 생물량은 소비자가 가장 많다.
> ㉢ 에너지량은 소비자가 가장 많다.

① ㉠
② ㉡
③ ㉠, ㉡
④ ㉡, ㉢

4 다음은 질소의 순환에 관련된 작용과 그 작용에 의해 일어나는 변화를 짝지은 것이다. 잘못 짝지은 것은?

① 질소 고정 : $N_2 \rightarrow NH_4^+$

② 질소 동화 작용 : $NO_3^- \rightarrow$ 유기 질소 화합물

③ 질화 작용 : $NO_3^- \rightarrow NH_4^+$

④ 탈질화 작용 : $NO_3^- \rightarrow N_2$

5 다음 중 양치식물과 겉씨식물의 공통점은?

① 꽃이 핀다.　　　　　　　　　② 헛물관을 갖는다.
③ 포자로 번식한다.　　　　　　　④ 종자로 번식한다.

6 유전 현상의 기본 원리를 밝히기 위해 멘델이 가정한 유전 인자의 행동과 가장 밀접한 관련을 가지는 것은 무엇인가?

① 방추사　　　　　　　　　　　② 동원체
③ 효소　　　　　　　　　　　　④ 염색체

7 핵 1개당 DNA량이 4이고, 체세포의 염색체 수가 20개인 생물이 있다. 이 생물의 체세포가 분열한 후 딸세포의 DNA 상대량(가)와 염색체 수(나)를 옳게 짝지은 것은?

	(가)	(나)			(가)	(나)
①	1	5		②	2	10
③	4	10		④	4	20

8 세포 호흡 과정에서 포도당 속에 저장된 에너지는 어떤 물질과 함께 분리되는가?

① H^+　　　　　　　　　　　② O_2
③ CO_2　　　　　　　　　　　④ 젖산

9 후천성 면역 결핍증(AIDS)에 대한 설명으로 옳지 않은 것은?

① B림프구에 HIV 수용체가 존재한다.
② AIDS는 혈액이나 정액, 모유 등과 같은 체액을 통해 전염된다.
③ AIDS는 HIV가 보조 T림프구에 침입하면서 나타나는 병이다.
④ HIV의 역전사 과정이나 유전자 활동을 억제하기 위한 방법이 연구되고 있다.

10 다음 중 유전자 치료에 이용되는 생명 공학 기술은?

① 핵이식   ② 세포융합

③ 조직 배양   ④ 유전자 재조합

11 암석의 표면에서 식물 군집이 처음 형성된 후 군집에 천이가 일어날 때 전형적인 천이의 순서는?

① 초본류 – 지의류 – 음수림 – 양수림

② 지의류 – 양수림 – 초본류 – 음수림

③ 지의류 – 음수림 – 양수림 – 초본류

④ 지의류 – 초본류 – 양수림 – 음수림

12 개체군의 밀도를 변화시키는 요인을 보기에서 모두 고른 것은?

㉠ 출생	㉡ 사망
㉢ 이입	㉣ 이출
㉤ 텃세	

① ㉠, ㉡   ② ㉠, ㉤

③ ㉡, ㉣   ④ ㉠, ㉡, ㉢, ㉣

13 다음 중 일반적인 종의 개념이 아닌 것은?

① 생리적 격리   ② 진화적 계통

③ 형태의 유사성   ④ DNA 염기 서열의 유사성

14 유전자 빈도에 변화가 없는 멘델 집단에서 여자 중 1%가 색맹이라면 이 집단의 남자 중 색맹인 남자가 차지하는 비율은?

① 1%   ② 5%

③ 10%   ④ 15%

15 300개의 뉴클레오티드로 구성된 mRNA가 있다. 이 mRNA의 마지막에 종결 코돈이 위치하고 있다면 여기서 만들어지는 폴리펩티드는 몇 개의 아미노산으로 구성되는가?

① 99개 ② 100개

③ 101개 ④ 299개

16 다음 중 유전 정보와 가장 관련이 적은 것을 보기에서 모두 고른 것은?

> ㉠ DNA의 염기 수
> ㉡ DNA의 염기 배열 순서
> ㉢ mRNA의 염기 배열 순서
> ㉣ 단백질의 아미노산 배열 순서

① ㉠ ② ㉡

③ ㉠, ㉢ ④ ㉡, ㉣

17 호르몬에 대한 다음 설명 중 잘못된 것은?

① 종 특이성이 없다.

② 혈액에 의해 운반된다.

③ 호르몬마다 표적 기관이 다르다.

④ 외분비선에서 분비되어 특정 기관에만 작용된다.

18 야맹증인 사람과 색맹인 사람은 각각 어떤 세포에 이상이 있는 것인가?

	야맹증	색맹
①	원추세포	간상세포
②	원추세포	원추세포
③	간상세포	간상세포
④	간상세포	원추세포

19 사람의 혈관 내에서 혈액이 응고되지 않는 이유는 무엇인가?

① 혈관 내 혈액의 온도가 낮아서

② 간에서 생성된 헤파린 때문에

③ 트롬보키나아제가 생성되지 않아서

④ 히루딘이 제거되기 때문에

20 다음 중 배란될 때 생식 세포는 어느 단계에 속하는가?

① 난원세포   ② 제1난모세포

③ 제2난모세포   ④ 난세포

실전 모의고사 2회

1 바이러스가 다른 생물에 기생하여 증식할 수 있는 것은 바이러스를 구성하는 물질 중 무엇 때문인가?

① 지질　　　　　　　　　　　② 핵산
③ 단백질　　　　　　　　　　④ 탄수화물

2 다음 중 위에서의 소화에 대한 설명으로 옳지 않은 것은?

① 부세포에서는 염산이 분비된다.
② 주세포에서는 펩시노겐이 분비된다.
③ 연동 운동과 분절 운동이 활발히 일어난다.
④ 펩시노겐은 염산에 의해 펩신으로 활성화된다.

3 다음 삼투압에 관한 설명 중 옳지 않은 것은?

① 적혈구를 증류수에 넣으면 삼투 현상에 의해 용혈 현상이 일어난다.
② 용혈 현상이 일어난 적혈구를 다시 고장액에 넣으면 원래의 적혈구 모양이 회복된다.
③ 원형질 분리가 일어난 식물 세포를 저장액에 넣으면 세포의 부피가 원래의 상태로 되돌아간다.
④ 능동 수송에는 에너지가 소모된다.

4 항원-항체 반응과 관련이 없는 것은?

① 혈액을 응고시킨다.
② 가용성 항원을 침전시킨다.
③ 세균 등이 응집되도록 한다.
④ 세균 독소나 바이러스를 중화시킨다.

5 ABO식 혈액형을 판정하는 기준이 되는 것은 무엇인가?

① 적혈구 표면의 응집원 ② 적혈구 표면의 응집소

③ 백혈구 표면의 응집원 ④ 백혈구 표면의 응집소

6 호흡운동의 조절에 관한 설명으로 옳지 않은 것은?

① 호흡 운동의 중추는 연수에 있다.

② 부교감 신경은 호흡 운동을 억제한다.

③ 호흡 운동의 속도는 자신의 의지대로 조절되지 않는다.

④ 호흡 중추를 자극하는 주된 요인은 혈중 이산화탄소 농도이다.

7 1000개의 제 1 난모세포에서 생산될 수 있는 난자의 수는 얼마인가?

① 250개 ② 500개

③ 1000개 ④ 750개

8 다음 중 ATP에 저장된 화학에너지가 이용되는 생명 활동에 해당하지 않는 것은?

① 골격근의 수축과 이완으로 운동할 때

② 리보솜에서 단백질을 합성할 때

③ 신장의 세뇨관 및 집합관에서 삼투 현상에 의해 물을 재흡수 할 때

④ 신장에서 포도당과 아미노산을 능동 수송에 의해 재흡수할 때

9 균류를 다음과 같이 두 무리로 나누었을 때, 그 분류 기준이 되는 것은?

(가) 무리 : 빵곰팡이, 털곰팡이
(나) 무리 : 누룩곰팡이, 효모, 송이버섯

① 생식 방법 ② 균사의 유무

③ 핵막의 유무 ④ 균사 격벽의 유무

10 다음 중 생태학적 천이에서 극상 단계를 가장 잘 표현한 것은?

① 천이의 초기 상태를 말한다.
② 일반적으로 식물만으로 개체군을 이룬다.
③ 극심한 환경 변화가 올 때까지 그대로 지속된다.
④ 물질의 순환과 에너지의 흐름이 천이의 다른 단계보다 느리다.

11 HIV의 숙주 세포가 되는 것은?

① 적혈구   ② T림프구
③ B림프구   ④ 대식세포

12 다음 중 광합성의 암반응에 관한 설명으로 옳지 않은 것은?

① 암반응에서는 포도당이 합성된다.
② 암반응은 빛이 없을 때에만 진행된다.
③ 암반응은 엽록체의 스트로마에서 일어난다.
④ 암반응에서는 온도가 제한 요인으로 작용한다.

13 포도당 1분자가 해당 과정과 TCA 회로를 거치면서 분해될 때 생성된 10분자의 $NADH_2$와 2분자의 $FADH_2$가 전자 전달계에서 최종적으로 O_2에 전자를 전달하는 동안 생성되는 ATP와 H_2O의 분자 수를 순서대로 옳게 짝지은 것은?

① 30, 6   ② 30, 12
③ 34, 6   ④ 34, 12

14 세포 주기 중 방추사 단백질 튜불린이 합성되며 세포 분열을 준비하는 시기는?

① G_1기   ② G_2기
③ S기   ④ 전기

15 다음 중 코돈에 대한 설명으로 옳지 않은 것은?

① 코돈의 종류는 총 64가지이다.

② mRNA가 갖는 3개 염기 조합이다.

③ 번역의 개시를 알리는 코돈이 정해져 있다.

④ 코돈마다 지정하는 아미노산의 종류가 모두 다르다.

16 다음 중 단백질 합성과 관계가 가장 적은 것은?

① 리보솜　　　　　　　　　② 아미노산

③ DNA연결효소　　　　　　④ mRNA

17 다음 중 배란, 수정, 착상이 시작되는 장소를 올바르게 짝지은 것은?

① 난소, 자궁, 자궁　　　　　② 난소, 수란관, 자궁

③ 수란관, 수란관, 자궁　　　④ 수란관, 수란관, 자궁

18 개체수가 10000마리로 구성된 어떤 멘델 집단에서 대립 유전자 A와 a의 유전자 빈도가 각각 0.9와 0.1이라면 유전자형이 헤테로인 것은 몇 마리인가?

① 100마리　　　　　　　　② 900마리

③ 1800마리　　　　　　　④ 8100마리

19 다음 중 형질전환 식물이 아닌 것은 어느 것인가?

① 식물바이러스의 외피단백질 유전자가 Ti 플라스미드에 의해 이식된 식물

② 세균의 질소고정 유전자가 도입된 식물

③ 아그로박테리움에 감염된 식물

④ 인슐린 유전자가 도입된 식물

20 간의 기능이 아닌 것은 무엇인가?

① 요소를 합성 ② 알부민 합성

③ 면역글로불린 합성 ④ 담즙을 생산

실전 모의고사 3회

정답 및 해설 P.159

1 다음의 세포 소기관 중 독자적인 증식이 가능한 것을 모두 고른 것은?

㉠ 핵	㉡ 리보솜
㉢ 엽록체	㉣ 미토콘드리아
㉤ 골지체	

① ㉠, ㉡ ② ㉠, ㉢

③ ㉠, ㉢, ㉣ ④ ㉠, ㉡, ㉤

2 세포의 핵에 존재하는 미세구조물을 다음 보기에서 모두 고르면?

㉠ 인	㉡ 중심립
㉢ 염색사	㉣ 미토콘드리아

① ㉠, ㉡ ② ㉠, ㉢

③ ㉡, ㉢ ④ ㉡, ㉣

3 세포막을 통한 물질의 확산과 삼투 현상의 공통점은 무엇인가?

① 에너지가 소모되지 않는다.

② 고분자 물질의 이동방식이다.

③ 세포막 단백질의 도움을 받는다.

④ 용액의 농도가 높은 쪽에서 낮은 쪽으로 물질이 이동한다.

4 다음 중 물질 대사에 관한 설명으로 옳지 않은 것은?

① 반드시 효소가 관여한다.
② 에너지의 출입이 수반된다.
③ 생물체 내에서 일어나는 화학 반응이다.
④ 동화 작용은 발열반응, 이화 작용은 흡열 반응이다.

5 다음 중 광합성에 영향을 미치는 환경 요인이 아닌 것은?

① 온도   ② O_2농도
③ CO_2농도   ④ 빛의 파장

6 다음 중 C_3식물과 C_4식물의 특징을 비교한 것으로 옳지 않은 것은?

특징	C_3식물	C_4식물
① 광포화점	낮다	높다
② 강한 빛에서의 광합성 속도	느리다	빠르다
③ 약한 빛에서의 광합성 속도	빠르다	느리다
④ 광합성의 최적 온도	15~25℃	30~40℃

7 다음 중 젖산 발효가 알코올 발효와 다른 점은?

① 호흡 기질   ② O_2 이용여부
③ ATP 생성 수   ④ CO_2의 생성여부

8 다음 중 동물 세포에서 분열의 순서로 옳은 것은?

① 중심립 분열 → 세포질 분열 → 핵분열
② 중심립 분열 → 핵분열 → 세포질 분열
③ 핵분열 → 중심립 분열 → 세포질 분열
④ 핵분열 → 세포질 분열 → 중심립 분열

9 다음 중 세포 주기의 각 시기에 대한 설명으로 옳은 것은?

① DNA량이 반감하는 시기는 후기이다.

② 염색 분체가 형성되는 시기는 G1기이다.

③ 단백질의 합성이 활발한 시기는 전기이다.

④ DNA량이 2배로 증가하는 시기는 S기이다.

10 벼의 체세포의 염색체 수는 24개이다. 벼의 꽃밥에서 화분이 형성될 때, 감수 제1분열이 진행되는 화분 모세포에서 관찰되는 2가염색체의 수는 몇 개인가?

① 12개   ② 24개

③ 36개   ④ 48개

11 다음 중 사람의 수정에 관한 설명으로 옳지 않은 것은?

① 일란성 쌍둥이는 하나의 수정란이 둘로 나누어져 생기는 것이다.

② 수정은 자궁에서 일어난다.

③ 체외수정 수정란은 체내수정 수정란 보다 난황을 많이 갖고 있다.

④ 부계의 미토콘드리아 DNA는 유전되지 않는다.

12 다음 중 원뿔세포의 기능은 무엇인가?

① 색깔 감각에만 구별한다.

② 어두운 곳에서만 빛의 강약과 색깔을 구별한다.

③ 광선의 명암만을 받아들인다.

④ 밝은 곳에서만 빛의 강약과 색깔을 구별한다.

13 다음 효소의 특징에 대한 설명으로 옳지 않은 것은?

① 수소 이온 농도에 영향을 받는다.
② 온도가 올라갈수록 활성도가 계속 증가한다.
③ 기질특이성을 가지고 있다.
④ 활성화 에너지를 감소시켜 화학반응을 촉진한다.

14 방사성 동위 원소를 이용하여 박테리오파지의 DNA는 ^{32}P로, 피막 단백질은 ^{35}S로 표지한 후 대장균과 함께 배양하였다. 대장균 속에서 증식하여 새로 만들어진 일부 파지에서 방사능이 검출되었다. 새로운 파지의 어느 부분에서 방사능이 검출되겠는가?

① DNA
② 머리 부분의 단백질 껍질
③ 꼬리 부분의 단백질 껍질
④ DNA와 단백질 껍질

15 30쌍의 염기로 이루어진 DNA의 이중 나선 구조에서 $\dfrac{A+T}{G+C}=\dfrac{2}{3}$ 이라면, A의 수는 얼마인가?

① 9개
② 10개
③ 11개
④ 12개

16 다음 중 DNA의 복제에 대한 설명으로 옳지 않은 것은?

① 세포 주기 중 간기에 일어난다.
② DNA중합효소에 의해 뉴클레오티드가 결합한다.
③ 새로운 DNA 합성은 5'→ 3' 방향으로만 일어난다.
④ 원래 DNA 중 한 가닥만 주형이 되고, 나머지 한 가닥은 복제가 일어나지 않는다.

17 다음은 여러 가지 식물 호르몬의 생리적 효과를 비교한 결과이다. 각각에 해당하는 식물 호르몬을 짝지은 것으로 옳은 것은?

	(가)	(나)	(다)	(라)	(마)
정단부 생장	−	−	−	촉진	억제
측근 형성	−	촉진	−	촉진	−
세포 신장	−	−	산성화 동반×	산성화 동반	−
잎의 탈리	−		−	억제	−
잎의 노쇠	촉진		−		억제
종자 발아	억제		촉진	−	−

① BR, CK, IAA, CK, ABA

② CK, ABA, IAA, CK, BR

③ 에틸렌, ABA, GA, GA, BR

④ ABA, 에틸렌, GA, IAA, CK

18 다음은 생태학 전반에 관한 설명으로 옳지 않은 것을 고르면?

① 육상식물은 대류와 증발로, 수생식물은 주로 대류로 열을 잃는다.

② r-선택종과 K-선택종의 개념은 같은 유형이 생물들을 비교하는 데 가장 유용하다.

③ 출생률과 사망률이 같은 때의 개체군 밀도를 환경수용능력이라 정의한다.

④ 생태적 지위가 중복된다는 것은 언제나 경쟁적 상호작용이 높다는 것을 의미한다.

19 다음 중 피부 감각에 대한 설명으로 옳은 것은?

① 통각은 분화된 감각 소체에 의해 감지된다.

② 단위 면적당 감각점의 수는 압점이 가장 많다.

③ 온점이 냉점보다 많다.

④ 접촉 자극에 대한 역치는 촉점 < 압점 < 통점으로 나타낼 수 있다.

20 자궁 내벽을 두껍게 유지시키며 여포의 생장과 배란이 일어나지 않게 하는 호르몬은?

① 에스트로겐

② 프로게스테론

③ FSH

④ LH

실전 모의고사 4회

정답 및 해설 P.162

1 자율신경계가 흥분하여 침 분비가 촉진되고 있을 때, 동시에 일어나는 신체의 변화를 보기에서 고르면?

> ㉠ 심장 박동 촉진   ㉡ 호흡 운동 억제
> ㉢ 아드레날린 분비   ㉣ 아세틸콜린 분비

① ㉠, ㉡   ② ㉠, ㉢

③ ㉡, ㉣   ④ ㉢, ㉣

2 어떤 과학자가 개에서 이자를 떼어 냈을 때, 이 개의 오줌에 파리 떼가 모여드는 것을 관찰하였다. 이것은 어떤 물질이 분비되지 않았기 때문인가?

① 글루카곤   ② 아드레날린

③ 세크레틴   ④ 인슐린

3 다음의 특성을 나타내는 호르몬을 분비하는 내분비선은?

> • 이화작용을 촉진 한다.
> • 요오드가 주성분이다.
> • 분비량이 많으면 바제도씨병, 부족하면 크레틴병이 생긴다.

① 이자   ② 갑상선

③ 뇌하수체 전엽   ④ 뇌하수체 후엽

4 성인 남자는 하루에 약 1억개의 정자가 만들어지는데, 이 때 필요한 제1정모 세포는 몇 개인가?

① 2천 5백만개   ② 5천만개

③ 1억개   ④ 2억개

5 다음 중 돌연변이를 일으키는 염색체 구조의 이상이 아닌 것은?

① 결실   ② 중복

③ 전좌   ④ 염색체 비분리

6 사람의 적혈구를 저장액인 0.1% 식염수에 넣었을 때 어떤 현상이 나타나는가?

① 적혈구가 수축한다.

② 적혈구가 터지는 용혈 현상이 일어난다.

③ 적혈구 내부의 물이 빠져나간다.

④ 원형질 분리가 일어난다.

7 다음 중 효소의 기질 특이성에 대한 설명으로 옳지 않은 것은?

① 하나의 효소는 특정한 구조를 가진 기질과만 결합한다.

② 효소는 특정 구조를 가진 기질의 모든 반응에 촉매로 작용한다.

③ 효소와 기질은 특이적으로 결합하여 효소-기질 복합체를 형성한다.

④ 기질 특이성이 나타나는 이유는 자물쇠와 열쇠의 원리로 설명할 수 있다.

8 광합성의 암반응 과정 중에서 CO_2와 결합하는 최초의 수용체는?

① $NADPH_2$ ② PGA

③ PGAL   ④ RuBP

9 광합성과 호흡을 비교한 내용으로 옳은 것을 보기에서 모두 고른 것은?

> ㉠ 광합성은 동화 작용이고, 세포 호흡은 이화작용이다.
> ㉡ 광합성의 원료 물질은 CO_2와 H_2O이고, 호흡의 원료 물질은 포도당과 산소이다.
> ㉢ 세포 호흡은 흡열 반응이고, 광합성은 발열 반응이다.

① ㉠   ② ㉡

③ ㉢   ④ ㉠, ㉡

10 다음 설명에 해당하는 물질의 이름은?

> • 근육에 있는 ATP의 고에너지 인산 결합을 저장하는 물질이다.
> • 격렬한 운동시 ATP의 빠른 합성을 돕는다.

① 젖산   ② 크레아틴

③ 크레아틴인산   ④ 글리코겐

11 유전자 A, B, C는 한 염색체에 존재하며, 이 유전자 사이의 교차율은 다음과 같다. 유전자 A, B, C의 염색체 상 위치로 알맞은 것을 고르면?

> A–B : 5% ,   A–C : 2% , B–C : 3%

① B – C – A   ② C – B – A

③ A – B – C   ④ B – A – C

12 어떤 새의 깃털색은 유전자 A, B, C에 의해 결정된다. 유전자 A와 B는 완전 연관되어 있고, C는 독립 유전을 한다고 할 때 유전자형이 AaBbCc인 체세포에서 만들어지는 생식세포의 종류는 몇 가지인가?

① 1종류   ② 2종류

③ 4종류   ④ 6종류

13 어떤 생물의 DNA가 DNA중합효소에 의해 반보존적인 방식으로 3회 복제되었다고 한다. 이 때 원래의 DNA 사슬을 가지고 있는 DNA 분자수는 몇 개인가?

① 2개
② 4개
③ 8개
④ 12개

14 바이러스는 독립적인 생활 능력이 없어 숙주에 침입한 후 세포 안에서 증식한다. 바이러스 중에는 유전 물질로 RNA를 가지고 있는 것들도 있는데, 이 바이러스들이 증식하는 과정에서 가장 먼저 필요로 하는 효소는 무엇인가?

① 제한 효소
② 역전사효소
③ DNA연결효소
④ DNA중합효소

15 다음 중 진화의 증거와 가장 거리가 먼 것은?

① 상동 기관과 상사 기관이 존재한다.
② 오스트레일리아에는 유대류가 서식한다.
③ 코세아르베이트는 자기 복제 능력이 있다.
④ 사람의 초기 배아에서 아가미 흔적이 나타난다.

16 다음 중 유전자 풀에 변화가 나타나지 않은 경우는?

① 개체들의 일부가 새로운 서식지로 이동하였다.
② 개체군을 구성하는 개체 사이에 임의로 교배가 일어났다.
③ 돌연 변이가 일어난 새로운 형질을 갖는 개체가 나타났다.
④ 천재지변에 의해 우연히 특정 형질을 가진 개체가 많이 살아남았다.

17 다음 중 생물을 자연 분류 방법으로 분류한 것은?

① 약용 식물
② 수서 식물
③ 척추 동물
④ 육상 동물

18 다음 중 핵막이 있고, 다세포 생물이며, 이동성이 없는 종속 영양 생물은?

① 원핵 생물계 　　　　　　　　② 균계

③ 식물계 　　　　　　　　　　④ 동물계

19 수생 식물이 육상 식물로 진화되면서 나타난 여러 가지 형질 중 가장 중요한 특성은?

① 꽃과 종자의 유무 　　　　　② 관다발의 발달

③ 수정 방법의 변화 　　　　　④ 엽록소의 종류 변화

20 동종 개체군에서 힘의 서열에 따라 먹이와 배우자를 얻는 현상은?

① 경쟁 　　　　　　　　　　　② 분서

③ 순위제 　　　　　　　　　　④ 리더제

실전 모의고사 5회

정답 및 해설 P.164

1 HIV에 대한 설명으로 옳지 않은 것은?

① RNA바이러스이다.

② 보조 T 림프구에 활물 기생한다.

③ 후천성 면역 결핍증을 일으킨다.

④ 숙주의 역전사 효소를 이용한다.

2 유전자 재조합에 대한 설명으로 옳은 것을 보기에서 모두 고른 것은?

> ㉠ 복제 양 돌리를 만들 때 사용한 기술이다.
> ㉡ 오직 플라스미드만이 DNA 운반체로 사용될 수 있다.
> ㉢ 제한 효소와 역전사 효소를 이용하여 원하는 DNA를 얻을 수 있다.
> ㉣ 인슐린, 생장 호르몬, 락토페린 등 인간에게 유용한 물질을 대량 생산할 수 있다.

① ㉠, ㉡

② ㉡, ㉢

③ ㉡, ㉣

④ ㉢, ㉣

3 대관령과 같은 고지대는 저지대에 비하여 밤에 기온이 낮아서 무나 감자의 생산성이 높다고 한다. 그 이유는?

① 총생산량이 저지대보다 많다.

② 호흡량이 적어 순생산량이 많다.

③ 산소의 농도가 높아 광합성량이 많다.

④ 동화 녹말이 저장 기관으로 빨리 이동한다.

4 군집 내에서 밀도, 빈도, 피도가 우세하여 군집을 대표할 수 있는 종은?

① 희귀종

② 지표종

③ 우점종

④ 외래종

5 다음은 어떤 동물문에 대한 설명인가?

> • 몸이 외배엽과 내배엽의 2배엽성이다.
> • 산만 신경계를 갖고 있다.
> • 촉수의 자세포로 먹이를 잡는다.

① 해면동물문　　　　　　　② 강장동물문
③ 편형동물문　　　　　　　④ 선형동물문

6 어떤 두 종류의 포유류를 인위적으로 교배하였더니 생식 능력이 없는 자손이 태어났다. 이 둘의 관계는?

① 같은 속, 다른 종이다.　　　② 다른 속, 같은 종이다.
③ 같은 과, 다른 속이다.　　　④ 다른 과, 같은 속이다.

7 다음은 산업 혁명 전후에 영국의 숲에 서식하는 후추나방 집단의 변화를 나타낸 것이다.

> 산업 혁명 전에 영국의 숲에서는 밝은 색의 후추나방이 많이 발견되었다. 그러나 산업 혁명에 따른 대기 오염으로 인해 숲의 나무들이 검게 변하자 숲에서는 검은색 후추나방이 많이 발견되었다.

① 격리　　　　　　　　　　② 이주
③ 돌연변이　　　　　　　　④ 자연선택

8 다음 중 하디-베인베르크 법칙이 적용되는 멘델 집단에 대한 설명으로 옳은 것은?

① 자연 선택이 일어나지 않는 집단
② 개체마다 번식력에 차이가 있는 집단
③ 집단 구성원의 유전자에 돌연변이가 일어나는 집단
④ 다른 집단으로부터 이입이나 이출이 빈번한 집단

9 유전 물질의 본체를 알아보기 위해 세균의 형질 전환을 연구했던 그리피스의 실험에서 폐렴 쌍구균의 형질을 전환시킨 물질은 결국 무엇인가?

① 단백질   ② DNA

③ RNA   ④ 탄수화물

10 다음 보기는 DNA에 포함된 염기의 비율을 나타낸 식들이다. 모든 생물에서 같은 비율이 나타나지 않는 것을 모두 고르면?

> ㉠ $\dfrac{C}{G}$
>
> ㉡ $\dfrac{A+T}{G+C}$
>
> ㉢ $\dfrac{A+G}{C+T}$

① ㉠   ② ㉡

③ ㉠, ㉡   ④ ㉡, ㉢

11 세포 주기 중 세포가 가진 DNA가 2배로 증가하는 시기는 언제인가?

① G_1기   ② G_2기

③ S기   ④ 분열기 전기

12 다음은 유산소 호흡과 무산소 호흡을 비교한 것이다. 옳지 않은 것은?

	유산소 호흡	무산소 호흡
① 산소이용	한다.	안한다.
② 기질 분해 정도	완전 분해	불완전 분해
③ 분해 산물	저에너지 상태	고에너지 상태
④ 에너지 방출량	적다	많다.

13 다음 중 생명 활동 결과로 생성된 후형질에 해당하는 세포 소기관으로만 묶인 것은?

① 엽록체, 세포벽, 액포
② 세포막, 엽록체, 액포
③ 세포벽, 액포, 세포내 함유물
④ 세포막, 액포, 세포내 함유물

14 적혈구 속의 헤모글로빈이 산소와 잘 결합할 수 있는 상태는?

① 산소와 이산화탄소의 분압이 낮을 때
② 산소와 이산화탄소의 분압이 같을 때
③ 산소와 이산화탄소의 분압이 높을 때
④ 산소의 분압이 높고, 이산화탄소의 분압이 낮을 때

15 세포 호흡에 의해 생성된 물질로 우리가 생활 에너지원으로 사용하는 것은?

① 헤모글로빈
② 미오글로빈
③ ATP
④ 글리코젠

16 다음 중 사람의 혈액 응고에 관여하는 피브린이 형성되는 과정에 작용하지 않는 것은?

① 혈소판
② 항체
③ Ca^{2+}
④ 트롬보키나아제

17 다음 중 심장 박동에 관한 설명으로 옳은 것은?

① 심장 박동 조절 중추는 대뇌이다.
② 교감 신경이 흥분하면 박동 속도가 느려진다.
③ 방실 결절이 흥분하면 심실이 이완된다.
④ 박동 속도는 혈액 중의 CO_2 농도 변화에 의해 조절된다.

18 필수아미노산과 불포화지방산의 공통점을 무엇인가?

    ① 구성 원소에 S이 있다.   ② 육류 안에 많이 존재한다.

    ③ 많이 먹을수록 좋다.   ④ 음식물을 통해 체외로부터 흡수해야 한다.

19 다음 중 단백질의 기능이 아닌 것은?

    ① 유전자의 본체   ② 세포막의 성분

    ③ 효소의 주성분   ④ 호르몬과 항체의 구성 성분

20 다음 중 간의 기능이 아닌 것은?

    ① 해독 작용   ② 요소의 합성

    ③ 삼투압 조절   ④ 쓸개즙의 생성

실전 모의고사 6회

정답 및 해설 P.166

1 다음은 2명법에 따라 학명을 나타낸 것이다. 잘못 나타낸 것은?

① *Canis familiaris*(개)
② *Felis domestica* L.(고양이)
③ *Oryza Sativa* Linne(벼)
④ *Abies koreana* Wilson(구상나무)

2 다음 중 종에 대한 설명으로 옳지 않은 것은?

① 종은 생물 분류의 기본 단위이다.
② 종에서 계로 갈수록 생물의 다양성이 증가한다.
③ 종은 서로 다른 개체들로부터 생식적으로 격리되어 있다.
④ 서로 다른 종끼리는 교배를 통해 자손을 낳을 수 없다.

3 다음은 5계 분류 체계에 따른 계의 이름과 그에 속하는 생물의 예를 짝지은 것이다. 자못 짝지은 것은?

① 균계 : 효모, 깜부기균
② 식물계 : 미역, 진달래
③ 동물계 : 사람, 불가사리
④ 원핵생물계 : 대장균, 흔들말

4 공기 중에 노출된 식물의 잎을 포함한 여러 부위의 표면을 덮어 건조한 육상 환경에서 수분의 손실을 막아 주는 것은 무엇인가?

① 세포막
② 세포벽
③ 형성층
④ 큐티클층

5 다음 중 세포 융합 기술을 이용하여 만든 생물체가 아닌 것은?

① 가자
② 무추
③ 포마토
④ 슈퍼 마우스

6 다음 중 제한 효소에 대한 설명으로 옳지 않은 것은?

① DNA의 특정 염기 서열을 인식하여 자른다.
② 외부로부터 들어온 DNA를 절단하여 세균을 보호한다.
③ 모든 제한 효소가 인식하는 염기 서열과 절단 부위는 같다.
④ 같은 제한 효소로 자른 DNA는 같은 점착성 말단을 갖는다.

7 다음 중 암을 유발하는 요인에 해당하는 것은 보기에서 모두 고른 것은?

㉠ 타르	㉡ 방사선
㉢ 자외선	㉣ 바이러스

① ㉠, ㉢
② ㉠, ㉡, ㉢
③ ㉠, ㉢, ㉣
④ ㉠, ㉡, ㉢, ㉣

8 암세포는 정상 세포와 비교하여 미분화된 딸세포를 계속 생산한다. 이것으로 보아 암세포에서 예상되는 주된 이상은 무엇인가?

① 항상성 유지
② 유전 정보 전달
③ 세포주기 조절
④ 에너지 대사 기구

9 다음 중 유전자가 염색체 위에 자리잡고 있음을 암시하는 증거는 무엇인가?

① 생물마다 염색체 수가 다르다.
② 감수 분열 시 염색체와 유전자의 행동이 일치한다.
③ 형질의 수와 염색체의 수가 일치한다.
④ 생물의 종류마다 염색체의 모양이 다르다.

10 귓속털 과다증은 Y염색체에 있다. 귓속털 과다증인 남자와 정상인 여자가 결혼하여 낳은 아들이 귓속털 과다증일 확률은?

① 0%
② 25%
③ 50%
④ 100%

11 다음 중 핵형 분석으로 알 수 없는 사람의 유전 질환은?

① 알비노증   ② 묘성 증후군

③ 터너 증후군   ④ 다운 증후군

12 다음 중 생태계의 자기 조절 능력에 필수적인 요소라고 볼 수 없는 것은?

① 광합성 식물   ② 생물 종의 다양성

③ 복잡한 먹이 그물   ④ 같은 수의 동물과 식물

13 벼를 재배하고 있는 논의 토양과 물이 수은(Hg)에 의해 오염되었을 때, 체내 축적도가 가장 클 것으로 예상되는 생물은?

① 벼   ② 벼멸구

③ 사람   ④ 개구리

14 유전자 운반체로 사용되는 플라스미드에 대한 설명으로 옳지 않은 것은?

① 자기 복제가 가능하다.   ② 외부 DNA를 제거한다.

③ 고리 모양의 DNA이다.   ④ 세포 내외로 드나들 수 있다.

15 부모의 혈액형이 모두 AB형인 어떤 가정에서 A형인 자녀가 태어날 확률은 얼마이며, 이 A형인 자녀가 O형인 배우자와 결혼하여 태어날 자녀들의 혈액형은?

① 25%이며 모두 A형

② 35%이며 A형이나 O형

③ 50%이며 모두 AB형

④ 75%이며 A형, B형, AB형, O형이 다 태어날 가능성이 있다.

16 DNA 전체가 염기의 수가 300개이고 이 중 G의 개수가 50개일 때 A의 개수는?

① 25 ② 50

③ 100 ④ 200

17 부영양화가 일어났을 때 제일먼저 일어나는 현상은?

① 동물성 플랑크톤 증가 ② 식물성 플랑크톤 증가

③ 동물성 플랑크톤 감소 ④ 식물성 플랑크톤 감소

18 다음 중 소화 과정에서 트립시노겐을 트립신으로 활성화시키는 소화효소는?

① 염산 ② 아밀라아제

③ 펩신 ④ 엔테로키나아제

19 다음 설명에 해당하는 물질은 무엇인가?

세포막을 구성하는 데 쓰이기도 하며, 생체 내에서는 이로부터 비타민 D, 성 호르몬, 부신 피질 호르몬, 쓸개즙 등이 합성된다. 이것이 혈관에 많이 침착되면 동맥 경화증을 일으키는 원인이 된다.

① 탄수화물 ② 단백질

③ 콜레스테롤 ④ 중성지방

20 탄수화물 400g, 단백질 100g, 지방 100g, 열량 1500kcal, 무기질 30g이 있다. 인체에서 흡수되는 열량은?

① 1000 Kcal ② 2000 Kcal

③ 2900Kcal ④ 3000 Kcal

실전 모의고사 7회

정답 및 해설 P.168

1 바이러스는 생물과 무생물의 경계가 되는 생물로 알려져 있다. 바이러스의 무생물적인 특성에 해당하는 것을 다음 보기에서 모두 고른 것은?

> ㉠ 자신의 효소가 없다.
> ㉡ 핵산과 단백질이 주성분이다.
> ㉢ 결정의 형태로 추출할 수 있다.
> ㉣ 생물체 내에서 자기 복제를 통해 증식한다.

① ㉠, ㉡   ② ㉠, ㉢
③ ㉡, ㉢   ④ ㉢, ㉣

2 다음 중 단백질에 대한 설명으로 옳은 것은?

① 모든 호르몬은 단백질로 되어 있다.
② 높은 온도에서도 구조적으로 안정하다.
③ 효소는 주성분으로 단백질을 포함한다.
④ 모두 3차 구조 이상의 입체적인 모양을 하고 있다.

3 다음 중 쓸개즙에 대한 설명으로 옳지 않은 것은?

① 지방을 유화시킨다.
② 쓸개에서 만들어진다.
③ 소화 효소가 들어있지 않다.
④ 지방 소화 효소를 활성화시킨다.

4 단백질의 구성 단위인 아미노산에 대한 설명으로 옳은 것은?

① 20가지가 있으며, 모두 생체 합성이 가능하다.
② 모든 아미노산은 극성을 띠며 비전하 분자이다.
③ 모든 아미노산은 비극성으로 전하를 띠지 않는다.
④ 모든 아미노산은 아미노기와 카르복시기를 갖는다.

5 다음 중 혈장의 기능으로 옳지 않은 것은?

① 적혈구 생성
② 호르몬의 운반
③ 체온을 일정하게 유지
④ 삼투압을 일정하게 유지

6 A형인 사람의 혈액을 B형인 사람에게 수혈할 수 없는 것은 수혈 시 어떤 응집 반응이 일어나기 때문인가?

① 응집원 A와 응집소 α 간에 응집 반응이 일어나기 때문이다.
② 응집원 A와 응집소 β 간에 응집 반응이 일어나기 때문이다.
③ 응집원 B와 응집소 α 간에 응집 반응이 일어나기 때문이다.
④ 응집원 B와 응집소 β 간에 응집 반응이 일어나기 때문이다.

7 다음 보기의 여러 혈관의 특징에 대한 설명 중 옳은 것은?

> ㉠ 동맥은 혈관벽이 두껍고 탄성력이 크다.
> ㉡ 정맥에는 혈액의 역류를 막기 위한 판막이 있다.
> ㉢ 모세 혈관의 혈압은 동맥이나 정맥보다 훨씬 낮다.

① ㉠
② ㉡
③ ㉠, ㉡
④ ㉡, ㉢

8 신장에서 형성된 원뇨로부터 Na^+의 재흡수를 조절하는 호르몬과 이 호르몬을 분지하는 기관이 옳게 연결된 것은?

① 항이뇨 호르몬 – 부신 피질   ② 항이뇨 호르몬 – 뇌하수체 후엽

③ 항이뇨 호르몬 – 신장의 세뇨관   ④ 무기질 코르티코이드 – 부신 피질

9 밝은 곳에 있다가 어두운 곳으로 가면 처음에는 보이지 않다가 차음 물체를 잘 볼 수 있다. 그 이유는?

① 밝은 곳에서 분해된 로돕신의 재합성에 시간이 걸리기 때문

② 비타민 A가 합성되는 데 시간이 걸리기 때문

③ 어두운 곳에서는 로돕신의 분해 속도가 느리기 때문

④ 어두운 곳에서 분해된 로돕신이 지나치게 많이 분해되기 때문

10 신경섬유는 자극의 강도에 따라 최고의 흥분을 하든지 흥분을 하지 않는다. 이러한 현상을 무엇이라고 하는가?

① 실무율   ② 불응기

③ 역치   ④ 지연

11 제1정모세포 10개와 제1난모세포 10개로부터 형성되는 정자와 난자의 수는 각각 몇 개인지 순서대로 나타낸 것은?

① 10개, 10개   ② 10개, 40개

③ 40개, 10개   ④ 40개, 40개

12 사람의 체세포의 염색체 수는 46개이다. 같은 부모로부터 태어난 형제의 유전자형이 똑같을 확률은 얼마인가?

① $\dfrac{1}{23}$

② $\dfrac{1}{23^2}$

③ $\dfrac{1}{46^2}$

④ $\dfrac{1}{2^{46}}$

13 다음 중 초파리를 유전 연구의 재료로 많이 사용하는 이유와 거리가 먼 것은?

① 한 세대가 짧다.

② 자손의 수가 많다.

③ 교배가 자유롭다.

④ 형질이 다양하다.

14 사람의 혈액형과 같이 한 가지 형질을 결정하는 대립 유전자가 3개 이상일 경우 이러한 유전을 무엇이라고 하는가?

① 연관

② 복대립 유전

③ 한성 유전

④ 다인자 유전

15 세포 호흡 과정에서 탈탄산 효소가 작용한 곳은 어떤 물질의 생성 여부로 알아낼 수 있는가?

① H^+

② O_2

③ CO_2

④ H_2O

16 다음 중 염색체와 DNA에 대한 설명으로 옳지 않은 것을 고르면?

① DNA에는 유전 정보가 존재한다.

② 염색체는 DNA와 단백질로 구성된다.

③ 생물의 종류에 따라 염색체의 수와 모양이 일정하다.

④ 체세포 분열에서는 염색체가 복제되지만 생식 세포 분열에서는 염색체가 복제되지 않는다.

17 단백질은 20종류의 아미노산으로 구성되어 있다. DNA에서 하나의 아미노산을 지정하는 유전 정보는 몇 개의 염기로 구성되어 있는가?

① 1개　　　　　　　　　　　　　② 2개
③ 3개　　　　　　　　　　　　　④ 4개

18 DNA 전사와 번역이 일어나는 장소를 순서대로 나열한 것은?

① 핵, 핵　　　　　　　　　　　　② 핵, 세포질
③ 세포질, 핵　　　　　　　　　　④ 세포질, 인

19 골격근 수축 시의 설명으로 옳은 것은?

① A대가 짧아진다.　　　　　　　② I대가 짧아진다.
③ Z대가 길어진다.　　　　　　　④ 가는 필라멘트가 수축한다.
⑤ 굵은 필라멘트가 수축한다.

20 광합성 동안 전자의 흐름의 순서로 옳은 것은?

① NADPH → O_2 → CO_2　　　　　② H_2O → NADPH → 칼빈회로
③ H_2O → 광계1 → 광계2　　　　④ NADPH → 전자전달계 → O_2

실전 모의고사 8회

정답 및 해설 P.171

1 다음 중 소장의 융털에서 체내로 흡수되는 물질이 아닌 것은?

① 젖당   ② 포도당

③ 비타민   ④ 아미노산

2 이자의 소화 기능에 대한 설명으로 옳은 것은?

① 쓸개즙을 생산한다.

② 소화 효소와 쓸개즙을 생성한다.

③ 소화 효소와 탄산수소나트륨이 풍부한 액체를 생산한다.

④ 점액을 포함하는 탄화수소나트륨을 생산한다.

3 다음 중 백혈구에 대한 설명으로 옳지 않은 것은?

① 식균 작용을 한다.   ② 아메바 운동을 한다.

③ 혈관 밖으로 나가지 않는다.   ④ 핵과 세포 소기관을 갖는다.

4 채혈한 혈액을 저온에서 보관하면 혈액의 응고가 일어나지 않는다. 그 원리에 대한 설명으로 옳은 것은?

① Ca^{2+}이 제거된다.

② 혈소판의 파괴를 막는다.

③ 형성된 혈섬유소가 가라앉는다.

④ 혈액 응고에 관계하는 효소의 활성이 저하된다.

5 다음 중 심장에 존재하면서 박동원으로서의 역할을 하는 것은?

① 히스색   ② 동방 결절

③ 방실 결절   ④ 미주 신경

6 사람의 코를 통해 들어온 공기가 이동하는 경로로 옳은 것은?

① 코 → 기관 → 기관지 → 인두 → 후두 → 폐

② 코 → 후두 → 인두 → 기관지 → 기관 → 폐

③ 코 → 인두 → 후두 → 기관 → 기관지 → 폐

④ 코 → 기관지 → 기관 → 후두 → 인두 → 폐

7 ATP의 구성 단위 물질을 다음 보기에서 모두 고르면?

㉠ 인산	㉡ 티민
㉢ 아데닌	㉣ 리보오스
㉤ 디옥시리보오스	

① ㉠, ㉡, ㉢   ② ㉠, ㉡, ㉤

③ ㉠, ㉢, ㉣   ④ ㉠, ㉢, ㉤

8 단백질이 영양소로 사용되면 아미노산에서 이탈된 아미노기가 암모니아를 형성하는데, 암모니아는 독성이 있다. 우리 몸에서 이 암모니아가 요소로 전환되는 대사 기능이 이루어지는 기관은?

① 폐   ② 간

③ 지라   ④ 신장

9 다음 중 호르몬을 분비하는 곳이 아닌 곳은?

① 젖샘   ② 갑상선

③ 부신 수질   ④ 부신 피질

10 부교감 신경계를 억제하는 약물을 주입하였을 때 나타나는 증세는?

① 맥박이 빨라진다.   ② 혈압이 낮아진다.

③ 혈당량이 감소한다.   ④ 심장 박동이 느려진다.

11 다음 중 제 1난모세포 1개가 분열하여 1개의 난자만을 만드는 것과 관련 깊은 것은?

① 핵   ② DNA량

③ 여포   ④ 난황

12 초파리의 체세포에는 8개의 염색체가 있다. 초파리의 연관군은 몇 개인가?

① 1개   ② 2개

③ 3개   ④ 4개

13 사람의 염색체는 46개이지만 유전자는 3만~4만개 정도라고 알려져 있다. 이들 유전자가 염색체에 존재하는 방식을 설명하기에 가장 적절한 것은?

① 연관   ② 교차

③ 염색체설   ④ 독립의 법칙

14 사람의 유전 현상 중 유전적인 요인과 환경적인 요인의 영향을 알아보기에 가장 적합한 연구 방법은?

① 핵형 분석법   ② 가계도 조사법

③ 쌍생아 연구법   ④ 유전자 분석법

15 정상인 남자와 색맹인 여자 사이에서 태어난 자손의 색맹 발현율을 바르게 추론한 것은?

① 딸이 색맹일 확률은 50%이다.

② 딸이 색맹일 확률은 100%이다.

③ 아들이 색맹일 확률은 25%이다.

④ 아들이 색맹일 확률은 100%이다.

16 다음 중 현미경으로 균사를 관찰할 때, 핵이 여러 개 관찰되는 생물은?

① 표고버섯　　　　　　　　　② 털곰팡이

③ 효모　　　　　　　　　　　④ 푸른곰팡이

17 다음 설명 중 옳지 않은 것은?

① DNA는 유전자이다.

② DNA의 복제는 항상 5' → 3'방향으로 이루어진다.

③ DNA 이중 나선의 두 가닥은 서로 반대 방향을 하고 있다.

④ DNA 분자에서 시토신과 구아닌의 염기 수는 항상 같다.

18 어떤 생물의 유전자 A와 B는 연관되어 있으며, 생식 세포 형성시 교차율이 10%라고 한다. 유전자형이 AaBb인 개체와 aabb인 개체를 교배했을 때 aaBb인 개체가 나타날 확률은?

① $\dfrac{1}{5}$　　　　　　　　　② $\dfrac{1}{10}$

③ $\dfrac{1}{15}$　　　　　　　　④ $\dfrac{1}{20}$

19 TCA회로와 전자 전달계가 일어나는 장소를 산서대로 바르게 나타낸 것은?

① 세포기질, 미토콘드리아 기질

② 세포기질 미토콘드리아 내막

③ 미토콘드리아 기질, 미토콘드리아 내막

④ 미토콘드리아 기질, 미토콘드리아 기질

20 근육이 수축할 때 길이가 짧아지는 것을 모두 고른 것은?

① A대, H대   ② A대, I대

③ 근절, H대   ④ 근절, A대, I대

실전 모의고사 9회

정답 및 해설 P.173

생물

1 다음 중 지질이 동물 세포에 중요한 이유로 적당하지 않은 것은?

① 효소로 작용한다.
② 세포막의 주성분이다.
③ g당 저장 에너지가 가장 많다.
④ 스테로이드 호르몬으로 작용한다.

2 단백질마다 구조와 기능에서 차이가 나는 이유는 무엇인가?

① 단백질마다 발견되는 염기의 수가 다르기 때문이다.
② 단백질마다 폴리펩티드에 있는 아미노산의 서열이 다르기 때문이다.
③ 단백질에 붙어있는 당단백질의 종류가 다르기 때문이다.
④ 단백질마다 아미노산을 연결시키는 펩티드 결합이 다르기 때문이다.

3 다음 중 면역 반응과 관련이 없는 현상은?

① 닭고기를 먹었더니 두드러기가 났다.
② 상처 부위에서 혈액이 응고되어 출혈이 멎었다.
③ 봄철 꽃가루는 알레르기 반응을 일으킨다.
④ 서로 다른 두 혈액형의 피를 섞을 경우 응집 반응이 일어난다.

4 다음 중 혈액의 주요 기능에 해당하지 않는 것은?

① 영양소를 운반한다.　　　　　② 열을 운반한다.
③ 호르몬을 생성하고 운반한다.　④ 식균작용을 한다.

5 다음은 순환기 계통의 질환과 관련된 설명이다. 이들 중 옳은 것은?

① 심장 판막증은 선천적인 경우에만 나타난다.

② 최고 혈압이 130mmHg 이하인 경우를 저혈압이라고 한다.

③ 염분을 너무 많이 섭취하면 혈압이 상승하여 심장에 무리를 줄 수 있다.

④ 콜레스테롤이 동맥 내벽에 쌓이면 혈관의 탄성력이 증가한다.

6 다음은 사람의 폐에 대한 설명이다. 이 중 옳지 않은 것은?

① 수백만 개의 폐포로 구성되어 있다.

② 폐의 근육은 발달되어 있으며, 그 근육 운동을 연수가 조절한다.

③ 산소는 폐포에서 혈액으로 확산된다.

④ 폐포의 주변에는 모세 혈관이 발달되어 있다.

7 다음 중 네프론을 설명한 것으로 옳은 것은?

① 말피기소체＋세뇨관　　　　　② 말피기소체＋사구체

③ 사구체＋보먼주머니　　　　　④ 보먼주머니＋세뇨관

8 다음 두 현상의 공통점으로 옳은 것은?

> • 소장에서의 포도당 흡수
> • 신장에서의 포도당 재흡수

① 에너지가 소모된다.

② 간의 도움을 받는다.

③ 압력차에 의해 이동한다.

⑤ 막을 통해 이동되는 방식은 확산이다.

9 체내에서 일어나는 다음의 작용 중 피드백에 의해 조절되는 것은?

① 인슐린에 의해 혈당량이 조절된다.

② 티록신에 의해 세포 호흡이 촉진된다.

③ 요오드가 부족하면 티록신 농도가 낮아진다.

④ 티록신 농도가 높아지면 갑상선 자극 호르몬 분비량이 감소한다.

10 유수 신경의 자극 전달 속도가 무수 신경보다 빠른 이유는 무엇인가?

① 휴지막 전위의 크기가 크기 때문이다.

② 활동 전위의 크기가 크기 때문이다.

③ 축색 돌기의 직경이 크기 때문이다.

④ 탈분극이 랑비에 결절에서만 일어나기 때문이다.

11 다음의 유전병 중 염색체 돌연변이에 의한 것을 옳게 고른 것은?

다운 증후군, 알비노증, 터너증후군, 페닐케톤뇨증, 겸형 적혈구 빈혈증

① 다운 증후군, 알비노증　　　　② 다운 증후군, 터너증후군

③ 알비노증, 겸형 적혈구 빈혈증　④ 페닐케톤뇨증, 터너증후군

12 다음 중 수중 생태계에서 먹이 연쇄의 영양 단계를 통해 농축되는 물질은?

① 인　　　　　　　　　　　② 비타민

③ 단백질　　　　　　　　　④ 카드뮴

13 공기 중의 질소를 고정하는 질소 고정 세균의 유전자를 식물체에 이식할 수 있으면 질소 고정 능력을 갖는 식물체를 개발할 수 있다. 이 때 이용될 수 있는 생명 공학 기술은?

① 조직 배양　　　　　　　　② 핵치환

③ 세포융합　　　　　　　　④ 유전자 재조합

14 생태계에 대한 보기의 설명 중 옳은 것은?

> ㉠ 생태계는 생산자, 소비자, 분해자 등 생물들만의 집단을 말한다.
> ㉡ 생태계에서 물질과 에너지는 순환한다.
> ㉢ 생물의 다양성의 클수록 생태계 평형 유지 능력이 커진다.
> ㉣ 생태계 에너지의 근원은 태양이다.

① ㉠, ㉡   ② ㉠, ㉢
③ ㉡, ㉢   ④ ㉢, ㉣

15 유전자 재조합 기술을 이용하여 인슐린을 대량 생산하려 할 때, 다음 중 필요하지 않은 것은 무엇인가?

① 제한 효소   ② 생장 촉진 유전자
③ 플라스미드   ④ 인슐린 유전자

16 생태계의 평형에 대한 다음 설명 중 옳지 않은 것은?

① 먹이 그물이 기초가 되어 유지된다.
② 농경지 같은 단순한 군락일수록 평형이 잘 이루어진다.
③ 생태계는 평형 상태를 유지하는 자기 조절 능력이 있다.
④ 대발생, 천재 지변, 환경 오며 등은 생태계의 평형을 파괴하는 요인이 된다.

17 다음 중 발효에 관한 설명으로 옳은 것을 보기에서 모두 고른 것은?

> ㉠ 젖산 발효에는 탄소 수가 변하지 않는다.
> ㉡ 아세트산 발효시에는 산소가 필요하지 않다.
> ㉢ 젖산 발효가 진행되기 전에 해당 과정이 일어나야 한다.
> ㉣ 알코올 발효시 전자 전달계에서 다량의 에너지가 생성된다.

① ㉠, ㉡   ② ㉠, ㉢
③ ㉡, ㉢   ④ ㉡, ㉣

18 초원 군락이 발달할 수 있는 서식지 환경으로 가장 적당한 곳은?

① 강수량이 적고 건조하다.　　② 강수량이 적고 바람이 세다.

③ 강수량이 많고 온도가 낮다.　④ 강수량이 많고 바람이 세다.

19 10분자의 $NADPH_2$와 2분자의 $FADH_2$가 전자전달계로 이동한다. 이 물질들로부터 생성되는 ATP의 총 수는?

① 12개　　　　　　　　② 24개

③ 34개　　　　　　　　④ 38개

20 원시 지구의 대기에는 거의 없던 물질이지만, 독립 영양 생물이 출현한 후 대기 중에 그 양이 크게 증가한 물질은?

① H_2　　　　　　　　② O_2

③ CH_4　　　　　　　④ NH_3

실전 모의고사 10회

정답 및 해설 P.176

1 다음 중 위에서의 소화에 대한 설명 중 옳지 않은 것은?

① 펩신은 소장에서도 작용할 수 있다.

② 염산은 펩시노겐을 펩신으로 활성화시킨다.

③ 염산에 의해 음식물에 포함된 세균이 제거된다.

④ 뮤신은 염산과 펩신으로부터 위벽을 보호한다.

2 혈액의 순환과 관련된 다음 설명 중 옳지 않은 것은?

① 좌심실과 폐정맥에는 동맥혈이 흐른다.

② 심장에서 좌심실의 근육층이 가장 두껍다.

③ 조직액은 모세 혈관에서 빠져 나온 혈장 성분이다.

④ 림프관을 흐르는 림프는 림프관에서만 순환한다.

3 혈장에서 물의 비율은 91.1%이고, 원뇨에서 물의 비율은 99.1%이다. 그 이유로 가장 적절한 것은?

① 물이 재흡수된다. ② 포도당이 여과된다.

③ 단백질이 여과되지 않는다. ④ 요소의 일부가 여과되지 않는다.

4 다음 중 흥분성 신경전달 물질이 아닌 것은?

① 에피네프린 ② 세로토닌

③ GABA ④ 아세틸콜린

5 뇌는 어느 곳에서부터 발생되어 형성되었는가?

① 외배엽 　　　　　　　　② 중배엽

③ 내배엽 　　　　　　　　④ 중배엽 + 내배엽

6 다음 중 뇌신경과 척수신경의 개수를 순서대로 바르게 나열한 것은?

① 31쌍, 13쌍 　　　　　　② 12쌍, 31쌍

③ 31쌍, 12쌍 　　　　　　④ 12개, 31개

7 단일 근섬유에 여러 세기의 자극을 주면서 수축된 길이를 조사한 결과가 다음 표와 같다. 이 단일 근섬유의 역치값은?

자극의 세기	10	20	30	40	50
수축된 길이	–	–	–	4	4

① 10 　　　　　　　　　　② 20

③ 30 　　　　　　　　　　④ 40

8 다음 생물들의 공통된 특징으로 옳은 것은?

미국자리공, 솔잎혹파리, 황소개구리, 베스

① 외래종으로 천적이 없어 생태계를 교란시킨다.

② 생태계 먹이 연쇄의 소비자이다.

③ 양서류에 해당하는 생물이다.

④ 종 다양성을 위해 보호받고 있는 생물들이다.

9 다음 중 자율신경계에 대한 설명으로 옳은 것은?

① 감각 뉴런과 운동 뉴런으로 이루어져 있다.
② 대뇌의 조절을 받아 내장 기관을 조절한다.
③ 교감 신경과 부교감 신경은 동시에 흥분한다.
④ 교감 신경과 부교감 신경은 서로 길항적으로 작용한다.

10 뇌하수체 전엽이 내분비선에 미치는 영향을 알아보기 위해 전엽을 제거하였다. 이때 분비량에 큰 변화가 없는 호르몬은?

① 티록신   ② 성장호르몬
③ 인슐린   ④ 에스트로겐

11 다음 중 물고기, 새, 포유류의 청각 기관에 공통적으로 관찰 할 수 있는 구조는?

① 외이   ② 반고리관
③ 유스타키오관   ④ 달팽이관

12 겸형 적혈구 빈혈증의 원인으로 옳은 것은?

① 염색체 일부의 결실로 인한 구조 이상
② 방추사 이상으로 인한 상염색체의 비분리
③ 방추사 이상으로 인한 성염색체의 비분리
④ 돌변 변이로 인한 DNA 염기서열의 이상

13 멘델의 유전법칙에 대한 설명으로 옳지 않은 것은?

① 우성 인자란 F_1에서 표현되는 형질이다.
② 수학적 통계 개념을 적용시킬 수 있었던 것도 성공 요인이다.
③ 멘델의 성공 요인 중 하나는 뚜렷한 대립 형질을 가진 재료의 선택이 있다.
④ 열성 인자는 우성 인자에 비하여 약하므로 오랜 시간이 지나면 도태된다.

14 다음 중 ATP에 대한 설명으로 옳지 않은 것은?

① 세포 호흡 과정에서 생성된다.

② 여러 생명 활동에 직접 쓰이는 에너지원이다.

③ 아데노신에 세분자의 인산이 결합된 화합물이다.

④ 탄소와 탄소 사이의 결합이 끊어지면서 에너지를 내놓는다.

15 다음 중 식물에서 주로 동화작용과 양분 저장을 하는 조직은 어느 것인가?

① 통도조직   ② 유조직

③ 표피조직   ④ 기계조직

16 광합성 도중 CO_2의 공급을 차단한다면, PGA와 RuBP의 농도는 어떻게 변하겠는가?

① PGA와 RuBP 모두 감소   ② PGA는 감소, RuBP는 증가

③ PGA와 RuBP 모두 증가   ④ PGA 증가, RuBP 감소

17 체세포 분열과 생식세포 분열의 차이점에 대한 설명으로 옳지 않은 것은?

① 체세포 분열에서는 핵분열이 1회 일어난다.

② 생식세포 분열에서는 2가 염색체가 형성된다.

③ 체세포 분열에서 딸세포의 염색체 수는 모세포의 절반이다.

④ 체세포 분열에서 딸세포는 모세포와 DNA상대량이 같다.

18 유전자형이 PpVv인 식물이 있다. 유전자 P와 V는 연관되어 있으며, 생식 세포를 만들 때 교차율이 25%였다면 이 식물로부터 만들어지는 생식세포의 비율은?

	PV	Pv	pV	pv
①	1	1	1	1
②	3	1	1	3
③	8	1	1	8
④	9	1	1	9

19 다음 중 유연관계가 가장 가까운 경우는?

① 같은 속에 속하는 두 생물　　　② 같은 과에 속하는 두 생물

③ 같은 목에 속하는 두 생물　　　④ 같은 문에 속하는 두 생물

20 소장 융털의 모세혈관 부위로 흡수되는 영양분의 이동 경로로 옳은 것은?

① 가슴관 → 쇄골하정맥 → 상대정맥 → 심장 → 온몸

② 간문맥 → 간 → 간정맥 → 하대정맥 → 심장 → 온몸

③ 간문맥 → 간 → 간정맥 → 상대정맥 → 심장 → 온몸

④ 가슴관 → 쇄골하정맥 → 하대정맥 → 심장 → 온몸

실전 모의고사 11회

정답 및 해설 P.179

1 세포소기관 중에서 일반적으로 식물세포에서만 관찰되는 것을 바르게 짝지은 것은?

① 핵, 골지체, 액포
② 엽록체, 미토콘드리아, 세포벽
③ 엽록체, 세포벽, 중심립
④ 엽록체, 세포벽, 액포

2 다음에 제시된 세포소기관을 이용하여 세포 내에서 단백질이 합성되어 세포 밖으로 분비되는 경로를 순서대로 나열한 것은?

골지체, 리보솜, 세포 밖, 소포체

① 리보솜 – 소포체 – 골지체 – 세포 밖
② 리보솜 – 골지체 – 소포체 – 세포 밖
③ 골지체 – 소포제 – 리보솜 – 세포 밖
④ 골지체 – 리보솜 – 소포체 – 세포 밖

3 다음 중 에너지를 사용해야만 일어나는 물질 출입 현상을 보기에서 모두 고른 것은?

㉠ 물이 담긴 비커에서 잉크가 퍼져 나간다.
㉡ 반투과성 막을 경계로 물이 저장액에서 고장액으로 이동한다.
㉢ 나트륨 펌프가 Na^+을 세포 밖으로 내보내고, 세포 밖에 있는 K^+를 끌어들인다.

① ㉠
② ㉡
③ ㉢
④ ㉡, ㉢

4 효소의 구성 요소 중에서 모든 효소가 공통적으로 갖고 있는 것은?

① 보결족   ② 조효소
③ 활성 부위   ④ 금속 이온

5 다음 중 광합성에 영향을 미치는 직접적인 요인을 모두 고른 것은?

㉠ 빛의 세기   ㉡ 온도
㉢ O_2의 농도   ㉣ CO_2의 농도

① ㉠, ㉡   ② ㉡, ㉢
③ ㉢, ㉣   ④ ㉠, ㉡, ㉣

6 1분자의 포도당이 해당 과정과 TCA 회로를 거쳐 완전 산화된다면 $NADH_2$와 $FADH_2$는 각각 몇 분자씩 생성되겠는가?

	$NADH_2$	$FADH_2$
①	3	1
②	5	2
③	10	2
④	10	3

7 수정란의 초기 세포 분열 과정에서 각 시기별로 존재하는 DNA량과 세포질의 양에 대한 설명으로 옳은 것을 모두 고른 것은?

㉠ 세포 분열이 일어날 때마다 핵의 크기가 감소한다.
㉡ 세포 분열이 일어날 때마다 세포의 크기가 작아진다.
㉢ 수정란과 32세포기의 한 세포가 갖는 유전 물질의 양은 동일하다.
㉣ 초기 세포 분열 과정에서 세포의 DNA량과 세포질의 비율은 일정하다.

① ㉠, ㉡   ② ㉠, ㉢
③ ㉡, ㉢   ④ ㉡, ㉣

8 폐렴을 일으키는 폐렴 쌍구균에는 피막이 있는 S형균과 피막이 없는 R형균이 있다. S형균이나 R형균을 보기와 같은 쥐에게 각각 주사하였을 때 폐렴이 나타나는 경우를 모두 고른 것은?

> ㉠ 살아있는 S형균
> ㉡ 살아있는 R형균
> ㉢ 살아있는 R형균 + 열처리한 S형균
> ㉣ 살아있는 R형균 + S형균의 단백질 추출물
> ㉤ 열처리한 R형균 + 열처리한 S형균

① ㉠, ㉢ ② ㉡, ㉣

③ ㉢, ㉤ ④ ㉣, ㉤

9 다음 중 생명체에서 유전 정보의 흐름을 바르게 나타낸 것은?

① DNA → mRNA → 단백질 ② DNA → 단백질 → mRNA

③ mRNA → DNA → 단백질 ④ 단백질 → DNA → mRNA

10 최초의 원시 생명체가 생명 활동을 하기 위해 사용한 에너지는 무엇인가?

① 태양 에너지 ② 광합성을 통해 얻은 에너지

③ 유기물에 저장된 화학 에너지 ④ 산소 호흡을 통해 얻은 열에너지

11 다음은 양의 다리 길이 변화에 대한 글이다. 어떤 목장에 다리가 매우 짧은 양이 태어났다. 목장 주인이 이양들을 계속해서 교배한 결과 목장의 양들은 대부분 다리가 짧은 양이 되었다. 이러한 현상을 설명할 수 있는 진화설은?

① 용불용설 ② 지리적 격리

③ 유전적 부동 ④ 돌연변이와 인위적 선택

12 다음은 몇 가지의 생물을 두 무리로 나눈 것이다. 이때 분류 기준으로 옳은 것은?

A무리 : 흔들말, 대장균, 포도상구균
B무리 : 짚신벌레, 아메바, 유글레나

① 편모가 있는가?   ② 세포 단계의 생물인가?
③ 핵막이 있는가?   ④ 독립 영양 생물인가?

13 다음 중 생태계의 평형을 유지하는데 가장 직접적인 관계가 있는 것은?

① 천이   ② 극상
③ 공생   ④ 먹이 연쇄

14 다음 중 생명 공학 기술에 대한 설명으로 옳지 않은 것은?

① 사람의 유전 정보를 이용하여 범인을 찾을 때 이용된다.
② DNA칩은 질병의 원인을 진단할 때나 친자를 확인할 때 이용된다.
③ 조직 배양 기술은 멸종 위기의 생물이나 번식시키기 힘든 생물의 번식에 활용된다.
④ 핵이식과 유전자 재조합을 통해 유전자가 모체와 동일한 복제 생물을 생성할 수 있다.

15 노화를 일으키는 원인 중의 하나인 텔로미어에 대한 설명으로 옳은 것을 보기에서 모두 고른것은?

㉠ 텔로머라제는 텔로미어를 짧게 자르는 효소이다.
㉡ 세포가 분열할 때마다 텔로미어의 길이가 짧아진다.
㉢ 텔로미어가 일정 길이만큼 짧아지면 세포는 더 이상 분열하지 않는다.

① ㉠   ② ㉡
③ ㉠, ㉡   ④ ㉡, ㉢

16 다음 중 조건반사의 중추는 어디인가?

① 대뇌수질
② 대뇌피질
③ 척수
④ 중뇌

17 혈액 속의 포도당량이 증가할 때 포도당량을 감소시켜 체내의 혈당량을 조절하는 호르몬은 무엇이며, 이 호르몬은 어디에서 분비되는가?

① 파라토르몬 - 부갑상선
② 인슐린 - 이자
③ 옥시토신 - 뇌하수체 후엽
④ 에스트로겐 - 여포

18 다음 중 여과된 물질이 모두 재흡수되는 것은 바르게 짝지은 것은?

① 물
② Na^+
③ 포도당, 요소
④ 포도당

19 만일 우리 체내에 염증이 생겼다면 혈액의 성분 중 그 수가 가장 많이 증가하는 것은?

① 적혈구
② 백혈구
③ 혈소판
④ 혈장

20 다음 성분의 공통점은?

> 포도당, 아미노산, 지방산, 글리세롤, Ca^{2+}

① 화학적 소화 후에 흡수된다.
② 모두 에너지원으로만 사용된다.
③ 모두 몸을 구성하는 데 사용된다.
④ 다른 변화를 거치지 않고 체내에 흡수된다.

실전 모의고사 12회

정답 및 해설 P.181

1 바이러스가 살아 있는 생물에 기생할 때 보여 주는 생명 현상과 거리가 먼 것은?

① 증식
② 항상성 유지
③ 진화
④ 물질대사

2 다음 중 탄수화물에 대한 설명으로 옳은 것은?

① C, H, O, N 으로 구성된다.
② 인체 구성 성분 중 물 다음으로 많은 양을 차지한다.
③ 체내에서 산화 분해되면 1g당 4kcal의 에너지를 낸다.
④ 탄수화물을 구성하는 당들은 펩티드 결합에 의해 연결되어 있다.

3 단백질 소화에 관여하는 다음 보기의 효소 중 소화관벽의 보호를 위해서 비활성 상태로 분비되어야 할 소화 효소를 모두 고른 것은?

㉠ 펩신	㉡ 트립신
㉢ 키모트립신	㉣ 펩티다아제

① ㉠, ㉡
② ㉡, ㉢
③ ㉠, ㉡, ㉢
④ ㉡, ㉢, ㉣

4 다음 중 적혈구에 대한 설명으로 옳지 않은 것은?

① 골수에서 생성된다.
② 원반형이며 핵을 가진다.
③ 헤모글로빈을 다량 함유하고 있다.
④ 폐의 산소를 조직으로 운반해 준다.

5 다음 중 세포성 면역과 체액성 면역에 대한 설명으로 옳지 않은 것은?

① T림프구는 흉선에서 성숙된다.

② 체액성 면역은 항체에 의해 이루어진다.

③ 세포성 면역의 경우 T림프구는 감염된 세포를 직접 파괴한다.

④ 1개의 B림프구는 분화 과정을 거쳐 여러 종류의 항체를 생산할 수 있다.

6 다음 보기 중 심장 박동의 조절에 대한 설명으로 옳은 것을 모두 고를 것은?

> ㉠ 심장 박동의 조절 중추는 간뇌이다.
> ㉡ 교감 신경 말단에서는 아드레날린이 분비된다.
> ㉢ 부교감 신경이 흥분하면 심장 박동이 느려진다.
> ㉣ 혈중 산소 농도가 주요한 심장 박동 조절 요인이다.

① ㉠, ㉡   ② ㉠, ㉢

③ ㉡, ㉢   ④ ㉡, ㉣

7 다음 중 흡기 시 일어나는 변화에 대한 설명으로 옳지 않은 것은?

① 늑골은 상승한다.   ② 횡격막은 하강한다.

③ 흉강의 부피는 감소한다.   ④ 흉강 내 압력은 감소한다.

8 다음 보기에서 땀에 대한 설명으로 옳은 것을 모두 고른 것은?

> ㉠ 땀의 농도는 오줌의 농도보다 낮다
> ㉡ 여과 및 재흡수를 통해 땀이 생성된다.
> ㉢ 노폐물의 배설 및 체온 조절 기능을 한다.
> ㉣ 정신적 요인에 의해 땀을 흘리는 경우도 있다.

① ㉠, ㉡, ㉢   ② ㉠, ㉢, ㉣

④ ㉡, ㉢, ㉣   ⑤ ㉠, ㉡, ㉢, ㉣

9 다음 중 감각 수용기와 적합 자극이 옳게 연결된 것은?

① 달팽이관 – 가시광선　　　　② 전정 기관 – 림프의 관성

③ 통점 – 강한 압력　　　　　　④ 망막 – 적외선과 자외선

10 다음 중 사람의 중추 신경계에 대한 설명으로 옳은 것은?

① 대뇌의 우반구는 우반신을 지배한다.

② 척수는 흥분 전달 통로이지 반응의 중추는 아니다.

③ 생명 활동에 직결되는 뇌간은 간뇌, 소뇌, 연수이다.

④ 대뇌는 피질이 회백질이고, 척수는 피질이 백질이다.

11 음성 피드백과 같은 원리로 조절되는 예를 보기에서 모두 고른 것은?

> ㉠ 냉방기는 설정한 온도보다 실내 온도가 높아지면 작동된다.
> ㉡ 프로게스테론의 분비량이 증가하면 황체 형성 호르몬의 분비가 억제된다.
> ㉢ 가스레인지에 점화를 하면 계속해서 불이 탄다.

① ㉠　　　　　　　　　　　　② ㉢

③ ㉠, ㉡　　　　　　　　　　④ ㉡, ㉢

12 다음 중 생태계와 생태계의 평형에 대한 설명으로 옳지 않은 것은?

① 생태계의 평형은 주로 먹이 연쇄와 무기 환경에 의해 유지된다.

② 생태계는 생산자, 소비자, 분해자의 세가지 요소로 구성된다.

③ 인간 활동에 의한 환경 오염은 생태계를 파괴하는 요인이 된다.

④ 생물 종이 다양하고 개체수가 많은 생태계일수록 평형 상태를 잘 유지한다.

13 생식세포 분열의 의의를 가장 옳게 설명한 것은?

① 세대를 거듭하더라도 염색체의 수가 변함없다.

② 4개의 생식 세포를 형성한다.

③ 세대를 거듭할수록 유전자량이 증가한다.

④ 세대를 거듭하더라도 유전자 구성이 변함없다.

14 다음 중 염색사의 구성에 대한 설명으로 옳지 않은 것은?

① DNA와 단백질로 이루어져 있다.

② DNA는 음전하를 띠고 히스톤은 양전하를 띤다.

③ 뉴클레오솜을 구성하는 히스톤 단백질은 8종류이다.

④ H1 히스톤 단백질은 각 뉴클레오솜이 서로 결합되도록 돕는다.

15 DNA의 코드가 −TCA−일 때 이 코드에 대한 안티코돈의 염기 배열 순서는?

① AGT ② AGU

③ TCA ④ UCA

16 다음 중 두 기관의 관계가 나머지와 다른 것은?

① 박쥐와 새의 날개 ② 새와 잠자리의 날개

③ 완두와 포도의 덩굴손 ④ 장미와 선인장의 가시

17 다음 중 유전자 풀의 변화를 일으키는 원인이 아닌 것은?

① 격리 ② 개체 변이

③ 자연 선택 ④ 돌연 변이

18 입과 항문이 구별되지 않는 동물군을 보기에서 모두 고른 것은?

㉠ 선형동물	㉡ 윤형동물
㉢ 강장동물	㉣ 편형동물

① ㉠, ㉡　　　　　　　　　② ㉠, ㉢

③ ㉡, ㉢　　　　　　　　　④ ㉢, ㉣

19 인간 배아 복제에 이용되는 생명 공학 기술 두 가지를 다음 보기에서 고른 것은?

㉠ 핵치환
㉡ 세포 융합
㉢ 조직 배양
㉣ 유전자 재조합

① ㉠, ㉡　　　　　　　　　② ㉡, ㉢

③ ㉠, ㉢　　　　　　　　　④ ㉢, ㉣

20 광합성의 명반응에 관한 설명으로 옳지 않은 것은?

① 명반응에서는 CO_2가 흡수된다.

② 명반응에서는 ATP가 합성된다.

③ 명반응에서는 물의 광분해가 일어난다.

④ 명반응은 엽록체의 그라나에서 일어난다.

1 어떤 동물의 체세포의 염색체 수는 10개이고, G₁기의 DNA 상대량이 2라고 할 때, 이 동물의 정자가 갖는 염색체 수와 DNA 상대량을 순서대로 옳게 나열한 것은?

① 10, 1   ② 10, 2

③ 5, 1   ④ 5, 2

2 교차율을 이용하여 염색체 지도를 작성하는 원리는 무엇인가?

① 교차율은 유전자 간의 거리에 비례한다.

② 교차율은 연관 강도에 비례한다.

③ 교차율은 유전자 간의 거리에 반비례한다.

④ 교차율을 통해 모든 유전자의 위치를 알 수 있다.

3 다음 중 진핵 세포의 염색사 및 염색체이 구성에 대한 설명으로 옳은 것은?

① 염색사는 DNA와 단백질로 이루어져 있으며, 응축하여 염색체를 이룬다.

② 염색사는 DNA와 RNA로 구성되어 있으며, 응축하여 염색체를 이룬다.

③ 염색사는 DNA로만 이루어져 있으며, 응축하여 염색체를 이룬다.

④ 염색사는 DNA로만 이루어져 있으며, 한 개의 염색체에는 1분자의 DNA가 들어있다.

4 비병원성인 폐렴 쌍구균 R형균을 열처리한 병원성인 S형균과 함께 쥐에게 주사하면 S형균의 어떤 성분에 의해 일부 R형균이 S형균으로 바뀌어 쥐가 폐렴에 걸려 죽는다. 이와 같이 R형균이 S형균으로 바뀌는 현상을 무엇이라고 하는가?

① 형질 도입   ② 형질 전환

③ 복제   ④ 돌연 변이

5 DNA를 구성하는 뉴클레오타이드는 몇 종류인가?

① 1종류　　　　　　　　　② 2종류
③ 3종류　　　　　　　　　④ 4종류

6 현대 종합설에서는 진화의 단위를 무엇으로 보는가?

① 종　　　　　　　　　　② 개체
③ 집단　　　　　　　　　④ 생물계

7 다음 표는 100명으로 구성된 집단에서 어떤 유전 형질에 대한 유전자형을 조사한 결과이다. 이 집단에서 유전자 T의 빈도는?

유전자형	TT	Tt	tt
사람 수(명)	30	60	10

① 0.3　　　　　　　　　② 0.4
③ 0.6　　　　　　　　　④ 0.9

8 다음 중 하디-바인베르크 평형이 의미하는 것은?

① 집단이 진화하지 않는다.
② 집단 내의 각 개체의 생존력이 다르다.
③ 집단 내에서 소진화가 이루어지고 있다.
④ 집단 내에서 선택적 교배가 이루어지고 있다.

9 다음 중 헤모글로빈(Hb)와 산소(O_2)가 결합하여 산소 헤모글로빈이 되는 반응을 촉진시키는 조건이 아닌 것은?

① 낮은 pH　　　　　　　　② 높은 산소 분압
③ 낮은 이산화탄소 분압　　　④ 높은 헤모글로빈 농도

10 무기 염류의 재흡수는 부신 피질에서 분비되는 무기질 코르티코이드에 의해 조절되는데, 이 호르몬은 혈압을 조절하는 역할을 한다. 다음 중 혈압 조절을 위해 무기질 코르티코이드의 분비가 증가하였을 때 일어나는 현상에 대한 설명으로 옳지 않은 것은?

① 혈압이 높아진다.　　　　　　　　② 물의 재흡수량이 감소한다.

③ 혈액의 삼투압이 증가한다.　　　　④ 세뇨관에서 Na^+의 재흡수가 촉진된다.

11 다음은 시각과 미각의 베버상수이다. 이와 관련된 설명으로 옳은 것은?

$$시각 : K=\frac{1}{100}, \quad 미각 : K=\frac{1}{6}$$

① 시각은 미각보다 역치가 작다.

② 시각은 미각보다 더 민감하다.

③ 10000lx의 빛을 받고 있던 사람은 1000lx 이상이 변해야 밝기 변화를 느낄 수 있다.

④ 같은 자극이 계속 주어질 경우 자극을 못 느끼게 되는 현상은 시각이 미각보다 더 잘 나타난다.

12 짠 음식을 많이 먹거나 운동으로 수분 손실량이 증가하면 혈장의 삼투압이 높아진다. 이때 나타나는 ADH의 분비량과 오줌량의 변화를 옳게 짝지은 것은?

	ADH 분비량	오줌량
①	증가	증가
②	증가	감소
③	감소	증가
④	감소	변화없음

13 식물 세포에서는 세포벽의 구성 성분인 셀룰로오스나 당단백질 등을 합성하고 분비하는 딕티오솜이라는 것이 있는데, 그 구조나 기능으로 볼 때 동물 세포이 어느 것과 같은가?

① 리소좀　　　　　　　　　　　　② 미토콘드리아

③ 소포체　　　　　　　　　　　　④ 골지체

14 미세 소관으로 구성된 세포 소기관을 다음 보기에서 모두 고르면?

㉠ 세포벽	㉡ 중심립
㉢ 섬모	㉣ 편모

① ㉠, ㉡　　　　　　　　　　② ㉡, ㉢

③ ㉠, ㉡, ㉢　　　　　　　　④ ㉡, ㉢, ㉣

15 다음 중 능동 수송에 대한 설명으로 옳지 않은 것은?

① 세포막을 통과할 수 없는 고분자 물질을 수송한다.

② 물질의 이동에 에너지가 필요하다.

③ 농도 경사를 거슬러서도 물질이 이동될 수 있다.

④ 세포 내외의 이온 농도차가 유지될 수 있다.

16 생체 내 화학 반응의 특징을 가장 잘 나타낸 것은?

① 단순한 반응 단계　　　　　② 여러 종류의 중간 생성물

③ 고온 고압 조건에서 진행　　④ 촉매 불필요

17 다음 중 그라나에 대한 설명으로 옳지 않은 것은?

① 엽록체에서 녹색을 띠는 부위이다.

② DNA와 리보솜이 있어 일부 단백질을 합성하기도 한다.

③ 틸라코이드가 차곡차곡 겹쳐진 구조물이다.

④ 빛에너지를 화학 에너지로 전환시키는 반응이 일어난다.

18 유기 호흡의 전자 전달계에 관한 설명으로 옳지 않은 것은?

① H_2O가 생성된다.

② 미토콘드리아의 내막에서 진행된다.

③ 최종 전자 수용체는 NAD와 FAD이다.

④ 산화적 인산화에 의해 ATP가 합성된다.

19 생물의 학명은 국제 명명 규약에 따라 린네가 창안한 2명법을 사용하는데, 2명법은 '속명 + 종명 + 명명자'로 표기하는 방법이다. 이에 대한 설명으로 옳지 않은 것은?

① 속명은 명사 형태이다.

② 속명과 종명은 모두 이탤릭체로 쓴다.

③ 속명과 종명의 첫글자는 대문자로 표기한다.

④ 명명자는 줄여서 이름의 첫글자 하나만 쓰거나 혹은 생략 가능하다.

20 식물의 진화 과정에서 몸이 체제나 생활 방식이 수중 생활에서 육상 생활로 옮겨가는 중간 단계의 특징을 나타내는 식물 무리는?

① 선태식물　　　　　　　　　　② 양치식물

③ 겉씨식물　　　　　　　　　　④ 외떡잎식물

실전 모의고사 14회

정답 및 해설 P.186

1 다음 중 원핵세포와 식물 세포를 비교한 것으로 옳지 않은 것은?

	특징	원핵세포	식물 세포
①	핵 물질	DNA	DNA
②	핵의 유무	없다	있다
③	세포벽의 유무	없다	있다
④	막성 세포 소기관	없다	있다

2 다음 중 남조류가 식물과 다른 점이 아닌 것은?

① 핵막이 없다.
② 엽록소 a를 갖는다.
③ 세포의 분화가 뚜렷하지 않다.
④ 펩티도글리칸층이 있는 세포벽을 갖는다.

3 다음의 세포 소기관 중 막 구조를 가지지 않는 것을 모두 고른 것은?

㉠ 미토콘드리아	㉡ 소포체
㉢ 염색체	㉣ 인
㉤ 리소좀	㉥ 리보솜

① ㉠, ㉡, ㉢
② ㉠, ㉣, ㉤
③ ㉡, ㉤, ㉥
④ ㉢, ㉣, ㉥

4 다음 중 세포막에 있는 막 단백질의 기능으로 볼 수 없는 것은?

① 항체로서의 작용 ② 수용체 역할

③ 물질의 이동에 관여 ④ 세포 간의 신호 전달

5 식물의 잎에서 엽록체가 존재하는 부위를 보기에서 모두 고른 것은?

㉠ 잎맥	㉡ 공변 세포
㉢ 책상 조직	㉣ 해면 조직

① ㉠, ㉡ ② ㉡, ㉢

③ ㉢, ㉣ ④ ㉡, ㉢, ㉣

6 다음은 명반응과 관련된 화학 반응식을 나타낸 것이다.

> (가) ADP +pi → ATP
>
> (나) $H_2O \rightarrow 2H^+ + 2e^- + \frac{1}{2}O_2$
>
> (다) NADP $+2H^+ +2e^- \rightarrow$ NADPH₂

명반응의 비순환적 광인산화 과정에서 일어나는 화학 반응을 모두 고른 것은?

① (가) ② (나)

③ (나), (다) ④ (가), (나), (다)

7 다음 중 ABO식 혈액형에 대한 설명으로 옳지 않은 것은?

① 응집원은 적혈구에 존재한다.

② 응집소는 혈장에 존재한다.

③ 응집원은 A, B, AB의 세가지가 있다.

④ 응집소는 α 와 β 의 두 가지가 있다.

8 A, B, C는 큰 키 유전자이며, 작은 키 유전자 a, b, c와 각각 대립 관계이다. 키는 유전자의 수에 비례하며 각 유전자의 효과가 같다면, 유전자형 AaBbcc와 키가 같을 것으로 예상되는 것을 보기에서 모두 고른 것은?

㉠ AaBaCc	㉡ aaBBcc
㉢ aaBBBc	㉣ AaBbCC
㉤ aaBbCc	

① ㉠, ㉡   ② ㉡, ㉢

③ ㉡, ㉤   ④ ㉣, ㉤

9 다음 중 양수 검사에 대한 설명으로 옳은 것은?

① 양수 검사는 즉시 결과를 알 수 있다.

② 양수에서 추출한 세포는 태아로부터 유래된 것이다.

③ 양수 검사를 통해 태아의 모든 유전적 결함을 미리 알 수 있다.

④ 양수 검사를 통해 태아의 염색체의 수적 이상은 알아낼 수 없다.

10 유전자 지문을 통해 알 수 있는 것을 보기에서 모두 고른 것은?

㉠ 개인 식별
㉡ 친자 감별
㉢ 유전자의 염기 배열

① ㉠   ② ㉡

③ ㉠ ,㉡   ④ ㉡, ㉢

11 다음 표는 양파의 뿌리 끝의 세포를 재료로 하여 체세포 분열을 관찰하여 각 세포 주기에 해당하는 세포의 수를 측정한 것이다.

시기	세포 수(개)
간기	180
전기	14
중기	1
후기	2
말기	3

이에 대한 설명으로 옳은 것은?

① 세포 주기 중 가장 긴 시기는 간기이다.

② 염색체가 관찰되는 세포의 수는 15개이다.

③ 간기보다 분열기에 걸리는 시간이 더 길다.

④ 분열 중인 세포 수와 간기의 세포 수의 비율은 1:180이다.

12 에이즈 바이러스는 유전자로 RNA를 가지고 있다. 에이즈 바이러스가 사람의 세포 속에 들어와 증식할 때는 자신의 유전 정보를 가진 RNA로부터 DNA를 합성해야 한다. 이때 필요한 효소를 무엇이라고 하는가?

① 제한 효소   ② RNA 중합효소

③ 역전사 효소   ④ DNA 중합효소

13 인트론에 대한 설명으로 옳지 않은 것은?

① RNA로 전사된다.

② 단백질을 암호화하고 있다.

③ 진핵생물의 유전자에서만 발견된다.

④ RNA의 성숙 단계에서 핵 속에서 제거된다.

14 18번 염색체 비분리 현상으로 인해 나타나는 질환은?

① 다운 증후군   ② 클라인펠터 증후군

③ 에드워드 증후군   ④ 터너 증후군

15 뉴런에서 흥분의 전도와 전달에 대한 설명이다. 틀린 것은?

① 세포막에서는 Na^+-K^+ 펌프에 의해 확산되어 Na^+이온이 막 밖으로 , K^+ 이온은 막 안쪽으로 이동하는 현상을 휴지전위라고 한다.

② 안쪽이 바깥쪽에 비해 음전하를 띄고 있는 상태로 평형, Na^+와 K^+이온은 크기가 작아 쉽게 이동할 수 있다.

③ 휴지막 전위는 대부분 $-60 \sim -90$ mV이다

④ 세포막에 역치이상의 자극이 주어지면 막안쪽으로 Na^+이 들어오는 것을 탈분극이라 한다.

16 자연 상태에서 집단의 크기가 유전적 부동에 의해 변화되어 일어날 만큼 작아질 수 있는 상황으로, 홍수나 지진과 같은 천재 지변 등으로 집단의 크기가 크게 줄었을 때 나타나는 유전적 부동 효과를 무엇이라고 하는가?

① 병목 효과   ② 격리 효과

③ 분단화 효과   ④ 창시자 효과

17 다음 중 혈장의 기능으로 옳지 않은 것은?

① 항체를 형성한다.   ② 호르몬을 운반한다.

③ 체온을 일정하게 유지시킨다.   ④ 삼투압을 일정하게 유지시킨다.

18 사람의 여러 감각 기관 중에서 가장 예민하고, 쉽게 피로해지는 감각 기관은?

① 코   ② 혀

③ 귀   ④ 눈

19 혈액의 성분이 여과되어 원뇨가 된다. 정상인에게서 여과되지 않는 혈액의 성분을 보기에서 모두 고른 것은?

㉠ 포도당	㉡ 아미노산
㉢ 단백질	㉣ 지방
㉤ 요소	㉥ 무기염류

① ㉠, ㉡ ② ㉢, ㉣
③ ㉤, ㉥ ④ ㉡, ㉢, ㉣, ㉤

20 면역을 담당하는 세포에 대한 설명으로 옳은 것은?

① B림프구는 흉선에서 성숙된다.

② 항원을 인지한 T림프구는 형질 세포가 된다.

③ 면역 관련 세포는 골수의 줄기 세포로부터 생성된다.

④ 세포성 면역은 B림프구가 생성한 항체가 항원과 결합하여 식균 작용을 하는 것을 의미한다.

실전 모의고사 15회

정답 및 해설 P.189

1 다음은 사람의 체세포 분열과 생식세포 분열을 비교한 것이다. 옳지 않은 것은?

구분	체세포 분열	생식세포 분열
① 분열 횟수	1회	2회
② 딸세포 수	2개	4개
③ 염색체 수	$2n \rightarrow n$	$2n \rightarrow 2n$
④ DNA량 변화	변화없음	반감

2 유전자형이 AaBb인 개체를 aabb인 개체와 교배하여 얻은 자손의 표현형의 분리비는 A_B_ : A_bb : aaB_ : aabb=7 : 1 : 1 : 7이었다. 이 결과를 해석한 것으로 옳은 것은?

① 유전자 A와 B는 완전 연관되어 있다.

② 유전자 A와 b는 연관되어 있고, 교차율은 12.5%이다.

③ 유전자 A와 B는 연관되어 있고, 교차율은 12.5%이다.

④ AaBb인 개체의 생식 세포 분리비는 1 : 1 : 1 : 1이다.

3 T2파지를 이용하여 DNA가 유전 물질임을 알아보려고 할 때, DNA와 단백질은 각각 어떤 원소로 표지해야 하는지 순서대로 나열한 것은?

① P, S
② P, C
③ S, P
④ S, O

4 다음 중 DNA의 구성에 대한 설명으로 옳지 않은 것은?

① 디옥시리보오스를 갖는다.

② 산성을 띠는 인산을 가지고 있다.

③ 염기 A와 G은 이중 고리 구조이다.

④ 한 종류의 뉴클레오티드로 구성된다.

5 다음 중 리보솜에 대한 설명으로 옳지 않은 것은?

① RNA와 단백질로 구성된다.
② 펩티드 결합이 일어나는 장소이다.
③ tRNA와 아미노산이 결합하는 장소이다.
④ 대단위체에는 tRNA와 결합하는 자리가 두 개있다.

6 다음 중 현대의 진화설에서 진화를 설명하는 핵심 이론은 무엇인가?

① 교잡설   ② 용불용설
③ 자연 선택설   ④ 생식질 연속설

7 유전자 풀에 새로운 대립 유전자를 내는 요인으로 새로운 종이 분화할 수 있는 직접적인 원인이 되는 것은?

① 격리   ② 돌연 변이
③ 개체 변이   ④ 유전적 부동

8 남녀가 각각 1000명씩 있는 멘델 집단에서 색맹인 여자가 10으로 나타났다면, 이 집단의 남자들 중에서 색맹인 사람은 몇 명인가?(단, 색맹 유전자는 X염색체에 존재하며, 정상 유전자에 대해 열성이다.)

① 90명   ② 100명
③ 300명   ④ 900명

9 사람의 호흡 운동에서 숨을 내쉬는 경우는?

① 늑골이 올라갈 때   ② 흉강이 좁아질 때
③ 흉강 속의 압력이 낮아질 때   ④ 횡격막이 내려갈 때

10 다음 중 호르몬의 특성으로 옳은 것은?

① 별도의 관을 통해 흐른다.
② 체내 호르몬의 성분은 모두 단백질이다.
③ 다른 물체 내에서는 작용하지 못한다.
④ 특정 세포나 조직에서만 기능이 나타난다.

11 다음 중 간에서 생성되는 물질이 아닌 것은?

① 요소   ② 헤파린
③ 쓸개즙   ④ 비타민D

12 다음 중 백혈구에 대한 설명으로 옳지 않은 것은?

① 식균 작용을 한다.
② 항체를 생산하거나 세균을 파괴한다.
③ 혈관 밖으로 나가지 않는다.
④ 핵과 세포 소기관을 가진다.

13 면역에 관계하는 B림프고 및 T림프구에 대한 설명으로 옳은 것을 다음 보기에서 모두 고른 것은?

㉠ B림프구는 세포성 면역에 관계한다.
㉡ T림프구는 항원에 감염된 세포를 직접 파괴한다.
㉢ B림프구의 일부는 기억 세포로 분화되어 남는다.
㉣ T림프구는 형질 세포로 분화되어 항체를 생산한다.

① ㉠, ㉡   ② ㉡, ㉢
③ ㉢, ㉣   ④ ㉠, ㉡, ㉢

14 단백질이 합성되어 분비될 때까지 세포 내에서의 이동 경로를 바르게 나열한 것은?

① 골지체→리보솜→소포체

② 골지체→소포체→리보솜

③ 리보솜→골지체→소포체

④ 리보솜→소포체→골지체

15 세포막과 세포벽을 비교한 보기의 내용 중 옳은 것을 모두 고르면?

> ㉠ 세포벽의 주성분은 인지질과 단백질이다.
> ㉡ 세포벽은 세포를 보호하고 모양을 유지시켜 준다.
> ㉢ 세포벽은 물과 용질을 모두 통과시키는 전투과성 막이다.

① ㉠

② ㉡

③ ㉡, ㉢

④ ㉠, ㉡, ㉢

16 다음 중에서 산화 환원 효소는 무엇인가?

① 펩신

② 아밀라아제

③ 카탈라아제

④ 포스포릴라아제

17 명반응과 암반응이 일어나는 부위를 옳게 짝지은 것은?

① 그라나, 스트로마

② 그라나, 그라나

③ 스트로마, 그라나

④ 스트로마, 스트로마

18 다음 중 유기 호흡의 해당 과정에 대한 설명으로 옳지 않은 것은?

① $NADH_2$가 생성된다.

② 세포질에서 일어난다.

③ 피루브산이 생성된다.

④ CO_2의 이탈이 일어난다.

19 근수축이 일어날 때의 상황에 대한 설명으로 옳은 것을 고른 것은?

> ㉠ H대의 길이는 줄어든다.
> ㉡ A대와 I대의 길이는 줄어든다.
> ㉢ 액틴과 미오신의 길이는 변하지 않는다.

① ㉠   ② ㉡

③ ㉠, ㉡   ④ ㉠, ㉢

20 포도당이 호흡 동안 무기적, 유기적으로 산화되는 과정에서 ATP가 생성된다. 가장 많은 ATP가 생성되는 과정은?

① 해당과정   ② 발효 과정

③ TCA회로   ④ 전자전달계

실전 모의고사 16회

정답 및 해설 P.192

1 다음 중 겉씨식물과 속씨식물을 비교한 것으로 옳지 않은 것은?

특징	겉씨식물	속씨식물
① 씨방	없다.	있다.
② 꽃의 종류	단성화	대부분 양성화
③ 물관의 종류	헛물관	물관
④ 수정 방법	중복 수정	단수정

2 유전자 재조합 기술을 이용하여 대장균으로부터 사람의 인슐린을 생산하려고 한다. 이때 제한효소로 잘라야 할 유전자를 다음 보기에서 모두 고른 것은?

㉠ 사람의 DNA	㉡ 플라스미드
㉢ 재조합 DNA	㉣ 대장균의 염색체

① ㉠, ㉡   ② ㉠, ㉢

③ ㉡, ㉣   ④ ㉡, ㉢, ㉣

3 유전자 지문 감식을 하기 위해 소량의 DNA로부터 다량의 DNA를 얻는 기술을 무엇이라고 하는가?

① PCR   ② 전기영동

③ 유전자 지문   ④ DNA 클로닝

4 다음 중 암세포에 대한 설명으로 옳은 것은?

① 특정 기능을 갖도록 분화된다.

② 반영구적으로 세포 분열이 일어난다.

③ 텔로미어의 길이가 정상 세포보다 짧다.

④ 필요에 따라 세포 분열과 중지가 일어난다.

5 복제 전 체세포 1개당 DNA 상대량이 10이고 염색체 수는 46개일 때, 배란 시기의 제2난모세포에 대한 설명으로 옳지 않은 것은?

① 염색체 수는 23개이다.　　　　　② DNA 상대량은 10이다.

③ 퇴화하면 제 1극체가 된다.　　　　④ 염색 분체의 수는 46개이다.

6 다음은 어떤 유전 현상과 관련된 설명이다. 어떤 요인에 의해 DNA의 정상적인 염기 배열이 바뀌면 유전자에 큰 영향을 미치며, 바뀐 유전 정보는 다음 세대로 전달된다. 이와 같은 원리에 의해 나타나는 유전 질환을 다음 보기에서 모두 고른 것은?

> ㉠ 겸형 적혈구 빈혈증
> ㉡ 알비노증
> ㉢ 다운 증후군
> ㉣ 페닐케톤뇨증

① ㉢

② ㉡, ㉢

③ ㉠, ㉡, ㉣

④ ㉡, ㉢, ㉣

7 식물 세포에서 처음에는 없었지만, 세포의 생명 활동의 결과로 형성된 세포 소기관을 고르면?

① 세포벽　　　　　　　　　　　② 세포막

③ 엽록체　　　　　　　　　　　④ 미토콘드리아

8 다음 보기에서 생체 내 화학 반응의 속도에 영향을 주는 요인을 모두 고른 것은?

> ㉠ 기질의 농도　　　　　　㉡ 효소의 농도
> ㉢ 온도　　　　　　　　　㉣ pH

① ㉠, ㉢,

② ㉢, ㉣

③ ㉡, ㉢, ㉣

④ ㉠, ㉡, ㉢, ㉣

9 광합성의 암반응 도중에 CO_2의 공급을 중단할 경우 가장 많이 축적되는 물질은 무엇인가?

① PGA
② RuBP
③ DPGA
④ PGAL

10 3대 영양소인 탄수화물, 단백질, 지방이 유기 호흡에 이용될 때 공통적으로 거치는 과정은 무엇인가?

① 해당 과정
② 칼빈 회로
③ TCA회로
④ 젖산 발효

11 다음 보기에서 물질 대사 중 이화 작용과 관계가 있는 것을 모두 고른 것은?

㉠ 합성	㉡ 분해
㉢ 호흡	㉣ 광합성
㉤ 에너지 방출	㉥ 에너지 흡수

① ㉠, ㉢, ㉤
② ㉠, ㉢, ㉥
③ ㉡, ㉢, ㉤
④ ㉡, ㉣, ㉥

12 다음 중 물의 기능이 아닌 것은?

① 물질 대사를 유지시켜 준다.
② 체온 조절이 용이하도록 해준다.
③ 각종 화학 반응의 촉매 작용을 한다.
④ 생체 내에서 각종 물질의 용매로 작용한다.

13 다음 중 원시 지구 대기의 변화 과정을 가장 잘 나타낸 것은?

① 환원성 대기 → CO_2 증가 → O_2 증가 → N_2증가
② 환원성 대기 → CO_2증가 → N_2 증가 → O_2증가
③ 환원성 대기 → O_2 증가 → CO_2 증가 → N_2 증가
④ 환원성 대기 → O_2 증가 → N_2 증가 → CO_2 증가

14 다음 중 심한 운동으로 조직에서 이산화탄소의 분압이 높아졌을 때 나타나는 현상이 아닌 것은?

① 헤모글로빈의 산소 포화도가 감소한다.
② 조직에 공급되는 산소의 양이 늘어난다.
③ 헤모글로빈의 산소화의 결합력이 증가한다.
④ 산소 헤모글로빈의 산소 해리도가 증가한다.

15 신장의 근위세뇨관에서 재흡수되는 물질은?

㉠ H_2O	㉡ Na^+
㉢ 포도당	㉣ 아미노산

① ㉠, ㉡   ② ㉠, ㉢
③ ㉡, ㉢, ㉣   ④ ㉠, ㉡, ㉢, ㉣

16 다음 중 기공개폐의 원인이 되는 물질은?

① 칼슘(Ca^{2+})   ② 칼륨(K^+)
③ 나트륨(Na^+)   ④ 마그네슘(Mg^{2+})

17 다음 중 3개의 배조직 층으로부터 발생하는 주요 조직과 기관(계)에 대한 연결이 옳지 않은 것은?

① 중배엽 – 근육, 부신피질
② 내배엽 – 신장, 생식기
③ 중배엽 – 연골, 뼈, 혈액 등 결합조직
④ 외배엽 – 뇌, 척수, 신경절 포함한 신경계

18 ㈎ 제자리에서 맴돌다가 멈추었더니 어지러웠다. ㈏ 평형대 위에서 양 팔을 벌려 중심을 잡는다. ㈎와 ㈏에서 감각을 맡아보는 기관의 명칭과 그 기관에서 감각하는 데 관련 깊은 것은 바르게 짝지은 것은?

① ㈎ – 반고리관, 관성 ㈏ – 전정기관, 중력
② ㈎ – 달팽이관, 중력 ㈏ – 전정기관, 관성
③ ㈎ – 반고리관, 관성 ㈏ – 유스타키오관, 중력
④ ㈎ – 반고리관, 중력 ㈏ – 전정기관, 관성

19 사고로 뇌를 대친 환자가 병원에 입원하였다. 이 환자의 뇌를 검사한 결과 대뇌 전두엽 부위가 손상되었다. 이 환자에게서 나타날 가능성이 가장 높은 증상은?

① 체온 조절이 제대로 안 된다.
② 성격이 매우 폭력적으로 변한다.
③ 심장 박동이 매우 불규칙해진다.
④ 안구 운동에 심각한 장애가 온다.

20 다음 중 인류의 진화 과정에서 나타나는 변화하고 볼 수 없는 것은?

① 뇌 용량이 증가
② 불과 언어의 사용
③ 정교한 석기의 제작과 이용
④ 수렵 생활에서 채집 생활로의 변화

실전 모의고사 17회

정답 및 해설 P.195

1 지구 상에 최초로 생겨난 생명체의 유전 물질과 효소는 RNA였을 것이라고 주장하는 학설이 있는데, 이러한 학설을 뒷받침하는 근거로서 리보자임의 발견을 들 수 있다. 리보자임에 대한 설명으로 옳은 것은?

① RNA를 제거하는 세포 내 소화 기관이다.

② RNA로부터 DNA를 합성하는 효소이다.

③ DNA로부터 RNA를 합성하는 효소이다.

④ RNA 스플라이싱의 촉매 역할을 할 수 있는 RNA이다.

2 다음 중 멘델 집단의 조건으로 볼 수 없는 것은?

① 개체 변이가 없다.

② 집단의 크기가 크다

③ 선택적 교배가 일어나지 않는다.

④ 개체의 이입과 이출이 없다.

3 다음 표는 1000명으로 구성된 집단에서 어떠한 유전 형질에 관한 유전자형을 조사한 것이다. 이 집단이 하디-바인베르크 법칙을 따른다면 다음 세대의 a의 유전자 빈도는?

유전자형	AA	Aa	aa
개체 수	300	600	100

① 0.3

② 0.4

③ 0.6

④ 0.7

⑤ 0.9

4 RNA 중합효소가 DNA의 프로모터에 붙으면 어떤 일이 일어나는가?

① 새로운 RNA 합성이 시작된다.

② 새로운 폴리뉴클레오티드 사슬의 합성이 종결된다.

③ RNA 폴리뉴클레오티드 사슬의 합성이 종결된다.

④ 복제 방울을 형성하여 DNA 주형에 새로운 뉴클레오티드를 붙여 양 방향으로 퍼져나간다.

5 인공적으로 합성된 mRNA에 우라실 뉴클레오티드와 시토신 뉴클레오티드 2가지 뉴클레오티드만 있으며, 우라실 뉴클레오티드의 수가 시토신 뉴클레오티드의 5배일 경우 가능한 코돈은 몇 개인가?

① 2개   ② 4개

③ 6개   ④ 8개

6 DNA 분자 구조에 대한 설명으로 옳은 것을 보기에서 모두 고른 것은?

> ㉠ DNA의 두 사슬은 같은 방향을 향하고 있다.
>
> ㉡ DNA 나선의 한 주기에는 10쌍의 염기가 있다.
>
> ㉢ DNA의 각 사슬의 축은 염기 간의 결합에 의해 형성된다,

① ㉠   ② ㉡

③ ㉢   ④ ㉠, ㉡

7 다음 중 정자 형성 과정에서 핵 1개당 DNA 상대량에 대한 설명으로 옳지 않은 것은?

① 정원 세포에서는 핵과 인이 관찰된다.

② 정원 세포가 정1정모 세포가 될 때 DNA가 복제된다.

③ 제1정모 세포에서 2가 염색체가 관찰된다.

④ 정세포의 DNA량은 제1정모 세포의 반이다.

8 시험관에서 발생시킨 배를 자궁에 착상시키기에 가장 적절한 여성의 신체 상태로 옳은 것은?

① 프로게스테론 농도가 최저일 때
② 월경이 일어날 때
③ 자궁 내벽이 두꺼울 때
④ 에스트로겐 농도가 최대일 때

9 다음은 사람에게 유전되는 형질 A의 특성을 나타낸 것이다. 위 자료에 대한 설명으로 옳은 것을 모두 고른 것은?

> • A를 나타내는 남녀의 비율은 비슷하다.
> • 자녀는 A를 나타내지만 부모 모두 A를 나타내지 않을 수 있다.

> ㉠ A의 유전자는 상염색체에 있다.
> ㉡ A는 열성으로 유전되는 형질이다.
> ㉢ A를 나타내는 여자와 A를 나타내지 않는 남자 사이에서 태어난 자녀가 A를 나타낼 확률은 50% 이하이다.

① ㉠, ㉡　　　　　　　　② ㉡, ㉢
③ ㉠, ㉢　　　　　　　　④ ㉠, ㉡, ㉢

10 클라인펠터 증후군에 대한 설명으로 옳은 것을 보기에서 모두 고른 것은?

> ㉠ 외형상 여자이다.
> ㉡ 상염색체 수가 정상인보다 1개 많다.
> ㉢ 성 염색체 수가 정상인보다 1개 많다.
> ㉣ 상염색체의 비분리에 의해 나타난다.
> ㉤ 성 염색체의 비분리에 의해 나타난다.

① ㉠, ㉢　　　　　　　　② ㉠, ㉣
③ ㉡, ㉣　　　　　　　　④ ㉢, ㉤

11 다음 중 생태계의 평형을 파괴하는 원인이라고 볼 수 없는 것은?

① 산불　　　　　　　　　　② 귀화 생물
③ 도시 건설　　　　　　　　④ 포식과 피식

12 인구가 이론과 같이 계속해서 증가하지 못하는 것은 저항 요인 때문이다. 인구의 증가를 억제하는 저항 요인을 보기에서 모두 고른 것은?

㉠ 질병	㉡ 식량 부족
㉢ 환경오염	㉣ 서식 공간의 부족

① ㉠, ㉢　　　　　　　　　② ㉠, ㉢, ㉣
③ ㉡, ㉢, ㉣　　　　　　　④ ㉠, ㉡, ㉢, ㉣

13 강의 어느 지점에서 병 2개에 강물을 채취하여 그 중 하나의 DO를 측정하였더니 8ppm이었다. 다른 하나는 밀폐한 후 20℃의 암실에 5일 동안 두었다가 DO를 측정하였더니 6ppm이었다. 이 강물의 BOD는 얼마인가?

① 2　　　　　　　　　　　② 4
③ 6　　　　　　　　　　　④ 8

14 DNA를 이루는 두 가작의 폴리뉴클레오티드 사슬 중 한가닥의 염기 배열이 5'-TCGATGGCATG-3' 라고 한다면 이 가닥에서 전사된 mRNA의 염기 서열로 옳은 것은?

① 5'-AGCUACCGUAUC-3'
② 5'-TCGATGGCATAG-3'
③ 5'-UCGAUGGCAUAG-3'
④ 5'-AGCUACCGUAUC-3'

15 어떤 생물로부터 추출한 DNA 조각을 분석하였더니 총 45쌍의 염기로 이루어져 있으며, $\dfrac{A+T}{G+C}=\dfrac{2}{3}$ 이었다. 위자료를 참고로 할 때 이 DNA에 포함되어 있는 T은 몇 개인가?

① 9개   ② 18개

③ 29개   ④ 36개

16 아버지는 색맹이 아니며 AB형이고 어머니는 색맹이고 O형이다. 첫째아이가 B형이며 색맹이 아닐 확률은?

① 0%   ② 1/2%

③ 1/4%   ④ 1/8%

17 키아스마를 관찰할 수 있는 단계는 언제인가?

① 제1 감수분열 전기   ② 제2 감수분열 전기

③ 제1 감수분열 후기   ④ 제2 감수분열 후기

18 초파리에서 붉은색 눈·정상날개(PPVV)와 자홍색눈·흔적날개(ppvv)와 교배하여 F₁에서 붉은색눈·정상날개(PpVv)가 나왔다. 이를 다시 ppvv와 교배시의 PV : Pv : pV : pv의 분리비는? (단, P와 V, p와 v는 연관되어 있다.)

① 2 : 1 : 1 : 0   ② 1 : 1 : 1 : 1

③ 3 : 0 : 0 : 1   ④ 1 : 0 : 0 : 1

19 다음 중 유기 호흡의 TCA회로에 관한 설명으로 옳지 않은 것은?

① $NADH_2$가 생성된다.

② $FADH_2$가 생성된다.

③ 미토콘드리아의 기질에서 진행된다.

④ 해당 과정이나 전자 전달계보다 많은 수의 ATP가 합성된다.

20 다음은 어떤 유기물이 호흡에 의해 산화되는 과정을 화학 반응식으로 나타낸 것이다. 이 유기물의 호흡률은 얼마인가?

$$2C_6H_{13}O_2N + 15O_2 \rightarrow 12CO_2 + 10H_2O + 2NH_3$$

① 0.3

② 0.4

③ 0.6

④ 0.8

1 수분손실을 막기 위한 육상식물의 적응방법으로 건조 또는 생식포자를 보호하는 두꺼운 벽은?

① 기공

② 큐티클

③ 리그닌

④ 관다발

2 인간의 유사분열 과정에서 M기로의 진입을 촉진시키는 M사이클린-Cdk 복합체에 관한 설명으로 옳지 않은 것은?

① M-Cdk 복합체는 Cdk1과 사이클린 B의 복합체로 이루어진다.

② M-Cdk 복합체의 활성은 M-사이클린의 활성에 의해 조절된다.

③ 활성형의 M-Cdk 복합체는 세포 분열 관련 단백질을 인산화한다.

④ M-Cdk 복합체의 사이클린B는 유사분열 후기에 유비퀴틴화되어 분해된다.

3 독립적으로 분리되는 세 유전자에 대해 이형접합인 어떤 식물(AaBbCc)이 자가수분되었다. 이에 대한 설명으로 옳은 것을 고르면?

① AABBCC인 식물의 빈도는 $\dfrac{3}{4}$ 이다.

② aabbcc인 식물의 빈도는 $\dfrac{1}{18}$ 이다.

③ AABBCC이거나 aabbcc인 확률은 $\dfrac{1}{32}$ 이다.

④ AaBbCc 개체들의 빈도는 $\dfrac{1}{2}$ 이다.

4 다음은 DNA 복제에 대한 설명으로 옳지 않은 것은?

① RNA primer는 특수한 RNA 중합효소인 primase에 의해 합성된다.

② 뉴클레오티드 중합에 필요한 에너지는 전구체인 피로인산이 떨어지면서, 그리고 이 피로인산이 가수분해되는 과정에서 발생한 에너지로부터 얻는다.

③ 지연가닥 복제시 RNA primer의 대부분을 절단하는 것은 DNA중합효소 1이다.

④ 텔로미어는 유전 정보를 보호하기 위해 반복적인 뉴클레오티드 서열로 이루어져 있다.

5 다음 중 전사와 번역에 관한 내용으로 옳은 것은?

① 원핵세포에서는 동일 DNA 영역에 대해서 완전효소의 전사에 의해서는 두 종류의 RNA가 생성되지만, 핵심효소의 전사에 의해서는 두 종류의 RNA만 생성된다.

② 전사가 시작되는 헬리카아제는 DNA 두 가닥을 연다.

③ 세균은 1개의 RNA중합효소를 가진다.

④ 진핵생물의 세포질 리보솜은 크기와 작동 방식에 있어서 고세균의 리보솜과 유사하다.

6 생명의 기원에서 현재에 이르기까지 유전 물질에 대한 설명으로 옳은 것은?

① 리보오스는 3'-OH의 작용기로 인해 높은 반응성을 갖는다.

② 데옥시리보오스는 리보오스에 비해 비생물적 방법으로 쉽게 합성이 가능하다.

③ RNA는 효소 활성은 있지만 자가 복제의 불가능으로 인해 DNA로 전환되었을 것이다.

④ RNA에서 DNA로 유전물질의 전환은 역전사효소의 출현으로 가능했을 것이다.

7 종분화에 관한 다음 설명 중 옳은 것은?

① 창시자 효과는 동소 종분화를 일으킨다.

② 안정성 선택에 의해 동소 종분화가 일어날 수 있다.

③ 지리적 격리에 의해 생식적 격리가 가능하다.

④ 박쥐와 새의 날개는 지리적 격리에 의해 종분화가 일어난 예이다.

8 혈관 종류에 따른 특징을 비교한 것으로 옳지 않은 것은?

① 혈압 : 동맥 〉 모세혈관 〉 정맥
② 혈액량 : 모세혈관 〉 정맥 〉 동맥
③ 직경 : 정맥 〉 동맥 〉 모세혈관
④ 혈류속도 : 동맥 〉 정맥 〉 모세혈관

9 다음 중 후천성 면역으로 옳은 것은?

① TLR의 활성화
② 피부, 점막, 분비액
③ 염증 반응
④ MHC의 항원 제시

10 신경전달물질과 그 기능 또는 특징이 잘못 짝지어진 것은?

① 세로토닌 – 통증 완화
② 아세틸콜린 – 운동 뉴런
③ GABA – 신경 흥분
④ 도파민 – 파킨슨병의 치료

11 세포내 골격 구조에 대한 설명으로 옳은 것은?

① 미세소관은 핵라민 단백질을 구성한다.
② 항암제인 택솔은 미세소관에 작용한다.
③ 중간섬유는 식물 세포에서 세포질 유동을 일으키는 원인을 제공한다.
④ 미세섬유는 기관지 상피 세포의 운동에 관여한다.

12 다음 중 음식물에 포함되어 있는 영양소들의 물질 대사 경로에 대한 설명으로 옳지 않은 것은?

① 피루브산으로부터 아세틸- CoA가 생성될 때 CO_2가 방출된다.

② 단위 분자당 지방산은 포도당보다 더 많은 에너지를 낼 수 있다.

③ 지방산이 이세틸-CoA로 산화되는 과정은 미토콘드리아에서 일어난다.

④ TCA 회로에 도입된 아세틸-CoA의 탄소 분자는 첫 번째 TCA 회로에서 CO_2의 형태로 모두 방출된다.

13 다음은 Rh혈액형과 관련된 사례이다.

- Rh−형 여자가 Rh+형 남자와 결혼하여 세 아이를 낳았다.
- 첫째 아이는 Rh+형이다.
- 둘째 아이는 적아세포증을 보였다.
- 셋째 아이는 적아 세포증을 보이지 않았다.

위에 대한 설명으로 옳지 않은 것은?

① 첫째 아이의 유전자형은 Rr이다.

② 둘째 아이의 유전자형은 Rr이다.

③ 적아세포증은 Rh항원에 대한 모체의 항체 때문이다.

④ 아버지의 유전자형은 RR이거나 Rr이다.

14 다음은 생물학의 발달 과정에서 이루어진 주요 연구 업적을 순차적으로 나타낸 것이다. 멘델의 유전 법칙 발견 → DNA이중나선구조 발견 → 유전 암호 해독 → (가) → 유전 공학을 이용하여 유용한 물질 생산 (가)에 들어갈 내용으로 가장 적절한 것은?

① 제한 효소 발견　　　　　　② 서턴의 염색체설 발표

③ 모건이 유전자설 발표　　　④ DNA가 유전 물질임을 증명

15 다음 중 비정상적인 염색체 수를 갖는 생식 세포가 만들어지게 하는 원인은?

① 교차　　　　　　　　　② 연관

③ 결실　　　　　　　　　④ 염색체 비분리

16 인공 면역에 대한 설명으로 옳은 것을 보기에서 모두 고른 것은?

> ㉠ 백신 접종은 특정 항원에 대한 항체를 주사하는 것이다.
> ㉡ 면역 혈청은 환자를 치료하는 데 쓸 수 있다.
> ㉢ 백신이나 면역 혈청을 사람에게 주사하는 것은 두 경우 모두 면역계에 특정 항원을 기억시키기 위해서이다.

① ㉠   ② ㉡

③ ㉠, ㉡   ④ ㉡, ㉢

17 림프의 순환에 대한 설명으로 옳은 것을 보기에서 모두 고른 것은?

> ㉠ 림프는 림프계로 들어온 조직액이다.
> ㉡ 모세림프관은 한쪽 끝이 막힌 맹관이며 판막이 있다.
> ㉢ 림프장은 특히 단백질을 운반하며 항상성 유지에 관계한다.
> ㉣ 좌우 림프 총관 내의 림프는 상대정맥에서 혈액에 합류한다.

① ㉠, ㉡   ② ㉠, ㉢

③ ㉡, ㉢   ④ ㉡, ㉣

18 DNA 복제, 전사, 번역이 일어나는 기관명을 옳게 짝지은 것은?

	DNA 복제	전사	번역
①	핵	핵	미토콘드리아
②	핵	핵	리보솜
③	리보솜	인	핵
④	보솜	인	미토콘드리아

19 다음 보기 중에서 대장균의 젖당 오페론이 효소를 합성하는 경우를 모두 고른 것은?

⊙ 배지에 포도당만 있을 경우
ⓛ 배지에 젖당만 있을 경우
ⓒ 배지에 포도당과 젖당이 함께 있을 경우

① ⊙   ② ⓛ
③ ⊙, ⓛ   ④ ⓛ, ⓒ

20 다음 중 발효에 관한 설명으로 옳지 않은 것은?

① O_2가 필요하지 않다.
② 최종 전자 수용체가 유기물이다.
③ 산화적 인산화에 의해 ATP가 생성된다.
④ 호흡 기질에서 이탈된 전자는 NAD에 전해진다.

실전 모의고사 19회

정답 및 해설 P.200

1 진핵세포와 원핵세포의 여러 장소에서 일어나는 에너지 생성 반응에 관한 설명으로 옳은 것은?

① 산소가 존재할 때, 원핵세포의 세포막에서 TCA 회로가 작동한다.

② 산소를 이용할 수 없을 때, 원핵세포의 세포질에서 발효가 일어난다.

③ 진핵세포에서 지방산과 글리세롤은 미토콘드리아 기질에서 바로 이용될 수 있다.

④ 진핵세포에서 피루브산은 미토콘드리아 외막에서 아세틸-CoA로 전환되어 미토콘드리아 기질로 유입된다.

2 엽록체, 퍼옥시좀, 미토콘드리아를 거쳐 일어나는 광호흡에 관한 설명으로 옳은 것은?

① 엽록체에서 루비스코가 O_2와 반응하면 2탄소 화합물을 합성한다.

② 광호흡은 미토콘드리아에서 일어나는 호흡과 마찬가지로 ATP를 생성한다.

③ 광호흡은 온도가 높을 때, CO_2의 농도가 정상 농도보다 높아질 때 촉진된다.

④ 광호흡 과정에서 퍼옥시좀은 엽록체로부터 생성되는 물질에 아미노기를 첨가하여 세린을 합성한다.

3 진핵세포이 세포분열 과정 동안 DNA가닥은 고도로 응축되어 염색체를 형성한다. 이러한 응축과정에 관한 설명으로 옳은 것은?

① 히스톤 단백질은 세포 내 pH에서 음전하를 띤다.

② 동원체는 두 개의 자매 염색분체가 결합된 부위로, 이 지점에서 방추사가 결합한다.

③ 가장 응축된 형태의 염색체는 세포분열 중 복제가 일어나는 S기에 관찰된다.

④ 히스톤 8량체는 히스톤 H1, H2, H3, H4 단백질이 각각 두 벌씩 합쳐져서 구성된다.

4 DNA 복제 과정 중 관여하는 복제 단백질과 그 기능으로 올바르게 짝지어진 것은?

① DNA 회전효소 – 복제 분기점에서 이중나선을 풀어준다.

② 단일가닥 결합 단백질 – 주형가닥으로 사용될 때까지 단일가닥의 DNA에 결합하여 안정화를 유지시킨다.

③ 프라마아제 – DNA를 주형으로 하면서 시발체 혹은 이미 합성된 DNA 가닥의 3'에 뉴클레오 티드를 첨가함으로써 새로운 가닥을 합성한다.

④ 텔로머라아제 – 5'말단의 시발체를 제거하고 RNA를 DNA로 교체한다.

5 λ 바이러스의 DNA와 T2파지를 혼합하여 대장균에 감염시켰다고 할 때, 대장균으로부터 출아되는 자손 바이러스는 어떤 특성을 가지겠는가?

① λ 의 단백질과 DNA

② T2의 단백질과 DNA

③ T2의 단백질과 λ 의 DNA

④ λ 의 단백질과 T2의 DNA

6 다음 중 이끼류에 대한 설명으로 옳은 것은?

① 배우체는 헛뿌리와 헛물관을 갖는다.

② 세대교번이 뚜렷하고 배우체 세대가 우점한다.

③ 포자체는 광합성을 하여 독립적으로 생존이 가능하다.

④ 장정기의 핵상은 $2n$이며, 두 개의 편모를 가진 정자를 지닌다.

7 다음 중 배설에 관한 설명으로 옳지 않은 것은?

① 집합관에서 요소가 재흡수되는 이유는 수질 속에 있는 조직액의 삼투압을 증가시켜서 더 많은 물을 흡수하도록 하기 위해서이다.

② 여과되는 원리는 사구체의 혈압과 보먼주머니의 압력차이다.

③ 사구체의 모든 포도당은 보먼주머니로 여과된다.

④ 신장이 기능적 단위를 네프론이라고 한다.

8 신경세포의 휴지전위 및 활동전위에서의 Na+과 K+의 기울기 및 기울기의 방향으로 옳지 않은 것은?(단, 신경세포의 휴지전위는 대략 −70mV이다.)

	이온	조건	기울기	기울기의 방향
①	Na^+	휴지전위	농도기울기	세포 밖 → 세포 안
②	Na^+	역치전위	전기기울기	세포 밖 → 세포 안
③	K^+	휴지전위	농도기울기	세포 안 → 세포 밖
④	K^+	휴지전위	전기기울기	세포 안 → 세포 밖

9 DNA 구성 물질이 구아닌을 방사성 동위 원소인 3H로 표지하여 10분 후에 세포를 관찰하였다. 방사성 동위 원소 ^3H로 표지된 구아닌은 어느 세포 소기관에서 다량으로 검출되겠는가?

① 핵
② 리보솜
③ 골지체
④ 미토콘드리아

10 어떤 식물을 증류수가 든 비커에 뿌리만 잠기게 넣고 뿌리의 세포액과 같은 농도의 칼륨 이온을 첨가하였다. 이 상태에서 10일 후에 칼륨 이온의 농도를 측정하였더니 뿌리가 물보다 2배 높았다. 이와 같이 칼륨 이온이 뿌리 속으로 흡수되는 원리를 설명한 것은?

① 삼투에 의한 칼륨 이온의 흡수
② 뿌리털 세포의 내포 작용에 의해 칼륨 이온이 흡수
③ 단순 확산으로 칼륨 이온이 흡수
④ 뿌리털 세포의 능동 수송에 의해 칼륨 이온이 흡수

11 다음 중 효소의 활성 부위에 대한 설명으로 옳지 않은 것은?

① 기질과 결합하는 부분이다.
② 조효소가 결합하는 자리이다.
③ 활성 인자가 결합하는 자리이다.
④ 기질과 구조가 비슷한 저해제가 결합하기도 한다.

12 다음 중 ATP의 에너지가 사용되지 않는 현상은?

① DNA 복제
② 근육의 수축
③ 반딧불이의 발광
④ 폐포에서의 기체 교환

13 다음 중 유전자 풀이 변하는 경우가 아닌 것은?

① 돌연 변이가 일어났다.
② 어떤 형질이 자연 도태되었다.
③ 힘이 센 수컷이 암컷을 모두 독차지 한다.
④ 집단 구성원 사이에서 교배가 일어났다.

14 원핵생물에 대한 설명으로 옳은 것을 다음 보기에서 모두 고르면?

㉠ 단세포 생물이다.
㉡ 핵막이 없어 염색체가 세포질에 퍼져 있다.
㉢ 다른 생물의 세포 속에서만 증식할 수 있다.
㉣ 미토콘드리아, 골지체, 소포체, 엽록체 등 막으로 싸인 세포 기관이 있다.

① ㉠, ㉡
② ㉠, ㉢
③ ㉡, ㉢
④ ㉡, ㉣

15 우리 주변에서 흔히 볼 수 있는 종자식물을 다음과 같이 두 무리로 나누었을 때, 그 분류 기준이 되는 것은?

A무리 : 벼, 잔디, 대나무, 백합
B무리 : 진달래, 장미, 민들레, 참나무

① 수정 방법
② 떡잎의 수
③ 씨방의 유무
④ 배젖의 핵상

16 다음 중 군집 내 이종 개체군 간의 상호 관계와 그 예를 짝지은 것으로 옳지 않은 것은?

① 경쟁 – 개미와 진딧물
② 분서 – 피라미와 갈겨니
③ 피식과 포식 – 파리와 잠자리
④ 상리 공생 – 콩과 식물과 뿌리혹박테리아

17 다음 중 생태계에 대한 설명으로 옳지 않은 것은?

① 영양 단계가 낮을수록 이용할 수 있는 에너지의 양은 적어진다.
② 생태계에 유입된 에너지는 순환한다.
③ 에너지 효율은 먹이 연쇄를 따라 이동하면서 감소한다.
④ 식물 군집에서 총 광합성량은 순 광합성량에서 호흡량을 뺀 값이다.

18 효소의 작용은 pH와 온도에 따라 다르면 헤모글로빈과 산소의 결합은 pH와 기체 분압 및 온도에 따라 변한다. 이와 같은 사실로 미루어 pH와 온도 및 기체 분압에 민감한 세포의 구성 요소와 그 구성 요소의 화학적 결합이 바르게 연결된 것은?

① 핵산 – 수소 결합, 이온 결합　　② 핵산 – 공유 결합, 수소 결합
③ 단백질 – 수소 결합, 이온 결합　　④ 단백질 – 공유 결합, 수소 결합

19 부갑상선 호르몬의 과다 분비 시에 나타나는 현상은?

① 거인증　　　　　　　　② 면역계의 지침
③ 혈액 응고 지연　　　　　④ 뼈로부터 칼슘의 손실

20 다음은 경수가 어떤 특정한 유전 질환을 가진 5000개의 가계를 조사한 결과이다. 조사 결과에 대한 설명으로 옳은 것은 모두 고른 것은?

- 질환을 앓고 있는 여자와 정상인 남자 사이에서 태어난 자녀의 약 50%는 성별에 관계없이 질환을 앓고 있다.
- 질환을 앓고 있는 남자와 정상인 여자 사이에서 태어난 딸은 모두 질환을 앓고 있고, 아들은 모두 정상이다.

ㄱ 질환의 원인 유전자는 열성이다.
ㄴ 질환의 원인 유전자는 X염색체에 있다.
ㄷ 조사한 가계에서 병을 가진 남자가 여자보다 약 2배 많다.

① ㄱ   ② ㄴ

③ ㄱ, ㄴ   ④ ㄱ, ㄴ, ㄷ

실전 모의고사 20회

정답 및 해설 P.203

1 연골, 뼈, 심장, 혈관, 림프관, 혈액 등은 기원이 어디인가?

① 외배엽   ② 중배엽

③ 융모막   ④ 내배엽

2 다음 중 골격근의 수축과정에서 관여하지 않는 것은?

① 액틴   ② Ca^{2+}

③ 미오신   ④ CO_2

3 안구의 구조에 대한 설명으로 옳지 않은 것은?

① 상이 가장 선명하게 맺히는 곳은 황반이다.

② 홍채는 동공의 크기를 조절하여 원근 조절을 한다.

③ 어둠상자의 역할을 하는 곳을 맥락막이다.

④ 상이 맺히는 곳은 망막이다.

4 다음 중 로돕신과 관계가 있는 것은?

① 비타민 A   ② 비타민 B

③ 비타민 C   ④ 비타민 E

5 다음 중 뉴런의 휴지전위에 대한 설명으로 옳지 않은 것은?

① Na^+-K^+펌프에 의해 형성된다.

② 세포 내외의 전압 차이에 의해 형성된다.

③ 역치 이상의 자극이 주어지면 탈분극이 일어난다.

④ 휴지전위에서 Na^+과 K^+이온은 이동하지 않는다.

6 다음 중 광합성과 호흡에 대한 설명으로 옳지 않은 것은?

① 광합성과 호흡은 에너지가 방출되는 발열 반응이다.

② 광합성 산물은 호흡의 원료로 사용되며 호흡의 산물은 광합성의 원료로 사용된다.

③ 광합성과 호흡에서 고에너지 전자는 전자 전달계를 따라 이동한다.

④ 광합성은 빛에너지를 이용해 포도당을 합성하는 동화 작용이고, 호흡은 유기물을 산화시켜 ATP를 합성하는 이화작용이다.

7 골격근에 대한 설명으로 옳은 것을 보기에서 모두 고른 것은?

> ㉠ 액틴보다 미오신이 더 굵다.
> ㉡ 미오신이 액틴을 당겨 수축이 일어난다.
> ㉢ 근절에서 액틴과 미오신은 항상 같은 곳에 분포한다.
> ㉣ 골격근의 수축과 이완 시 미오신과 액틴의 길이가 변한다.

① ㉠, ㉡   ② ㉠, ㉢

③ ㉡, ㉢   ④ ㉢, ㉣

8 유전자형이 AABB인 개체와 aabb인 개체를 교배하여 유전자형이 AaBb인 F1을 얻었다. 유전자 A와 B가 한 염색체에 연관되어 있고, 생식 세포를 형성할 때 교차가 일어났다면 F1에서 형성될 수 있는 생식 세포의 종류는?

① 2종류   ② 3종류

③ 4종류   ④ 5종류

9 다음 중 DNA가 유전물질이라는 증거에 해당하는 것을 모두 고른 것은?

> ㉠ 생식 세포의 DNA량은 체세포의 $\frac{1}{2}$이다.
>
> ㉡ 생물은 종에 따라 DNA의 염기 비율이 서로 다르다.
> ㉢ 한 개체의 모든 체세포가 갖는 DNA량은 동일하다.
> ㉣ 돌연 변이를 유발하는 자외선 파장과 DNA가 흡수하는 자외선 파장이 일치한다.

① ㉠, ㉡ ② ㉡, ㉢

③ ㉠, ㉢, ㉣ ④ ㉡, ㉢, ㉣

10 다음 중 코돈과 아미노산 서열과의 관계에 대한 설명 중 옳은 것을 모두 고른 것은?

> ㉠ 아미노산 하나만 바뀌어도 형질이 달라질 수 있다.
> ㉡ 하나의 아미노산은 하나의 코돈에 의해서만 지정된다.
> ㉢ 유전 암호가 바뀌면 반드시 아미노산 서열이 달라진다.
> ㉣ 코돈에서 염기가 바뀌면 폴리펩티드의 아미노산이 바뀔 수 있다.

① ㉠, ㉡ ② ㉠, ㉣

③ ㉡, ㉢ ④ ㉢, ㉣

11 다음은 유전자 재조합 과정을 순서없이 나열한 것이다. 다음 중 유전자 재조합 기술을 순서대로 바르게 나열한 것은?

> ㉠ 플라스미드를 추출한다.
> ㉡ 재조합 DNA를 대장균에 넣는다.
> ㉢ 플라스미드와 사람의 DNA를 절단한다.
> ㉣ 플라스미드와 사람의 DNA를 연결한다.

① ㉠→㉢→㉣→㉡ ② ㉡→㉢→㉣→㉠

③ ㉡→㉣→㉢→㉠ ④ ㉢→㉡→㉣→㉠

12 신장에서 형성된 원뇨로부터 수분의 재흡수를 조절하는 호르몬, Na⁺의 재흡수를 조절하는 호르몬의 이름과 각각의 분비기관이 순서대로 바르게 연결된 것은?

① 무기질 코르티코이드 – 뇌하수체 후엽, 항이뇨 호르몬 – 부신 피질

② 무기질 코르티코이드-부신 피질, 항이뇨 호르몬-뇌하수체 후엽

③ 항이뇨 호르몬 – 보신 피질, 무기질 코르티코이드 – 뇌하수체 후엽

④ 항이뇨 호르몬 – 뇌하수체 후엽, 무기질 코르티코이드 – 부신 피질

13 그늘진 곳에서 책을 읽다가 햇빛이 비치는 밖으로 나가 멀리 날아가는 비행기를 바라보았다. 이 때 동공의 크기와 수정체의 두께 변화를 바르게 짝지은 것은?

	동공의 크기	수정체의 두께
①	커진다.	얇아진다.
②	커진다.	두꺼워진다.
③	작아진다.	얇아진다.
④	작아진다.	두꺼워진다.

14 백혈병의 치료 방법으로는 골수 이식이 있다. 골수 이식을 이용하는 이유는?

① 비정상적으로 많아진 백혈구를 파괴하기 위해

② 암세포로 변한 백혈구의 세포 분열을 억제하기 위해

③ 백혈병의 원인 균에 대한 항체 생산을 촉진시키기 위해

④ 혈액의 성분을 만들어 낼 수 있는 조혈 능력을 갖게 하기 위해

15 다음 중 난할의 속도가 일반 체세포 분열에 비하여 빠르게 일어나는 이유는?

① 난할에는 세포 주기의 S기가 짧기 때문에

② 분열과 분열 사이에 생장기가 없기 때문에

③ 난할에는 세포 주기의 G1기가 짧기 E 때문에

④ 난할에는 세포 주기의 G2기가 짧기 때문에

16 어떤 식물의 유전적 특징을 연구한 것이다. 순종인 큰 키 식물과 작은 키 식물을 교배하여 얻은 잡종 제1대를 자가 수분시켜 잡종 2대를 얻었을 때, 잡종 제1대와 키가 같은 식물이 나타날 확률?

- 식물의 키는 T와 t, L과 l의 두 쌍의 유전자에 의해 결정된다.
- 큰 키 유전자 T와 L 사이에는 우열 관계가 없으며, 작은 키 유전자 t와 l사이에도 우열 관계가 없다.
- 유전자 T와 L이 식물의 키에 미치는 효과는 같으며, 식물의 키는 유전자의 수에 비례한다.

---

① $\dfrac{1}{16}$　　　　　　② $\dfrac{3}{16}$

③ $\dfrac{6}{16}$　　　　　　④ $\dfrac{9}{16}$

17 신생아는 태어난 지 12~15개월 사이에 MMR 예방 접종을 받는다. 이는 홍역, 볼거리, 풍진에 대한 혼합 백신을 주사하는 것이다. 이에서 알 수 있듯이 홍역 백신을 주사하였다고 해서 볼거리, 풍진까지 예방되는 것은 아니다. 그 이유에 대한 설명으로 옳은 것은?

① 특정 항체는 특정 항원에만 작용한다.
② 홍역 백신 주사는 소량의 항체만 형성시킨다.
③ 항원 주사 후 항체가 형성되기 까지는 잠복기가 필요하다.
④ 홍역에 대한 항체는 볼거리, 풍진을 일으키는 병원체도 작용한다.

18 다음 중 난자 형성 과정과 배란에 관한 설명으로 옳지 않은 것은?

① 배란되는 세포이 핵상은 n이다.
② 배란이 일어난 여포는 황체가 된다.
③ 난세포와 제2극체의 염색체 수는 같다.
④ 감수 분열의 모든 과정은 난소 안에서 일어난다.

19 다음은 담배 잎에 짙은 녹색 반점이 생기게 하는 담배모자이크 바이러스의 특징을 알아보기 위한 실험이다. 담배 모자이크 바이러스에 대한 설명으로 옳은 것을 보기에서 모두 고른 것은?

> (가) 담배모자이크 바이러스에 감염된 담배 잎을 갈아서 세균이 통과하지 않는 세균 여과지로 걸러냈다.
> (나) 이 여과액을 살아 있는 담배 잎과 죽은 담배 잎에 주사하였더니 살아있는 담배 잎에만 짙은 녹색 반점이 나타났다.

> ㉠ 세균보다 크기가 작다.
> ㉡ 세균의 돌연변이체이다.
> ㉢ 살아있는 세포 내에서 증식한다.
> ㉣ 효소가 있어 독립적으로 물질 대사를 한다.

① ㉠, ㉡   ② ㉠, ㉢
③ ㉡, ㉢   ④ ㉡, ㉣

20 다음 중 ATP에 대한 설명으로 옳지 않은 것은?

① 세포 호흡 과정에서 생성된다.
② 여러 생명 활동에 직접 쓰이는 에너지원이다.
③ 아데노신에 3분자의 인산이 결합된 화합물이다.
④ ATP의 끝 부분에 있는 3개의 인산 결합은 각각 7.3kcal이 에너지를 함유하고 있다.

실전 모의고사 21회

정답 및 해설 P.206

1 그림은 활발하게 분열하고 있는 상피세포와 분열하지 않는 신경세포의 DNA 양과 세포 수를 나타낸 것이다. 이에 대한 설명으로 옳은 것을 모두 고르시오.

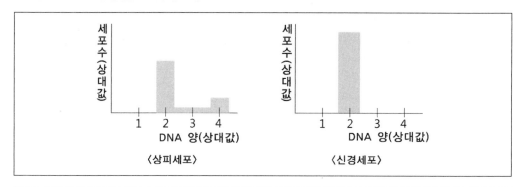

ㄱ 상피세포에서 염색체가 관찰되는 세포가 염색사가 관찰되는 세포의 수보다 많다.
ㄴ 신경세포는 더 이상 세포 분열하지 않는다.
ㄷ 신경세포는 G_2 기에 멈추어 있다.

① ㄱ
② ㄴ
③ ㄷ
④ ㄱ, ㄷ

2 두 쌍의 대립 형질을 가진 완두의 유전을 나타낸 것이다. 자료에 대한 설명으로 옳은 것은?

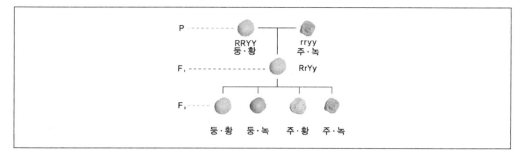

> ⊙ F1의 표현형은 둥글고 황색이다.
> ⓛ F1의 생식 세포의 종류는 4가지이다.
> ⓒ F2의 둥글고 황색인 완두 : 주름지고 녹색인 완두의 표현형의 비는 3:1이다.
> ⓔ 유전자 R과 Y는 같은 염색체 위에 존재한다.

① ⊙, ⓛ   ② ⊙, ⓒ

③ ⓛ, ⓒ   ④ ⓛ, ⓔ

3 다음 중 암세포의 특성에 대한 설명으로 옳지 않은 것은?

① 혈관 발달을 촉진한다.

② 주변 세포와 접촉 시 세포분열이 억제된다.

③ 정상세포는 분화하지만 암세포는 분화하지 않는다.

④ 세포분열을 촉진하는 물질에 관계없이 세포주기를 반복한다.

4 다음 중 생태계에 대한 설명으로 옳은 것은?

① 생태계에 유입된 에너지는 순환한다.

② 물질은 생태계 내에서 순환하지 않는다.

③ 에너지 효율은 상위 영양 단계로 이동하면서 감소한다.

④ 빛의 세기와 파장은 생태계에서의 생물 분포에 영향을 미친다.

5 다음에서 설명하는 개체군 내의 상호 작용은 무엇인가?

> 동물이 생활 공간의 확보, 먹이 획득, 배우자 독점 등을 목적으로 일정한 생활 공간을 점유하고 다른 개체의 침입을 적극적으로 막는다.

① 공생   ② 텃세

③ 리더제   ④ 순위제

6 다음 설명 중 옳지 않은 것은?

① 염색사는 히스톤이라는 단백질과 유전 물질인 DNA로 이루어진 가늘고 긴 실 모양의 구조이다.
② 염색체는 염색사가 응축되어 이루어진 구조로, 항상 관찰된다.
③ 세포 분열을 하지 않을 때 염색사가 풀어져 핵 안을 가득 채우고 있는 상태를 염색질이라고 한다.
④ DNA는 히스톤 단백질을 휘감아 뉴클레오솜이라는 구조를 형성한다.

7 다음 중 감수 분열 실험 재료로 가장 적합한 것은?

① 구강 상피 세포
② 양파의 뿌리 끝
③ 양파의 표피 세포
④ 백합의 어린 꽃봉오리의 꽃밥

8 다음은 사람의 유전과 돌연변이에 대한 자료이다. 다음 중 ㉠, ㉡으로 옳은 것은?

> • 몸무게는 형질 결정에 관여하는 유전자 수가 많고 환경의 영향을 받아 표현형이 다양하여 전체적으로 정규분포곡선을 나타내는 (㉠)유전의 예가 된다.
> • 낫 모양 적혈구 빈혈증은 적혈구의 헤모글로빈을 생성하는 DNA에 이상이 생기는 (㉡) 돌연변이이다.

	㉠	㉡
①	다인자	유전자
②	다인자	염색체
③	복대립	유전자
④	단일인자	유전자

9 다음 중 세포 호흡에 대한 설명으로 옳지 않은 것은?

① ATP가 분해되어 생활 에너지로 쓰인다.

② 포도당은 여러 중간 단계를 거쳐 분해된다.

③ 세포 호흡은 주로 세포 내의 핵에서 일어난다.

④ 포도당과 같은 영양소를 분해하여 ATP를 합성하는 과정이다.

10 ATP에 대한 설명으로 옳지 않은 것은?

① 고에너지 인산 결합을 갖고 있다.

② ATP 1몰에는 약 7.3 kcal의 에너지가 저장된다.

③ 일부 동물에서는 발열, 발광 등에 이용되기도 한다.

④ 식물은 광합성을 통하여 ATP를 생성하여 생명 활동에 활용한다.

11 그림은 우리 몸에서 자극에 의한 흥분을 전달하는 뉴런 ㈎, ㈏, ㈐를 나타낸 것이다. 이에 대한 설명으로 옳은 것을 모두 고른 것은?

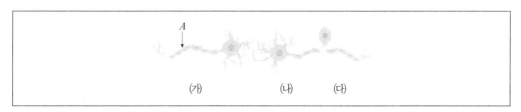

㈎   ㈏   ㈐

㉠ ㈎와 ㈐는 말초 신경계에 속한다.

㉡ 흥분은 ㈎ → ㈏ → ㈐로 전달된다.

㉢ A에 역치 이상의 자극을 주면 ㈏에서 활동 전위가 발생한다.

① ㉠   ② ㉡

③ ㉠, ㉢   ④ ㉡, ㉢

12 다음은 세포 내에서 일어나는 세 가지 물질대사 과정이다. 이 화학 반응에 대한 설명으로 옳지 않은 것은?

> • 포도당+포도당 → 엿당+물
> • 지방산+글리세롤 → 중성 지방+물
> • 아미노산+아미노산 → 다이펩타이드+물

① 동화 작용이다.
② 반응 과정에서 에너지가 흡수된다.
③ 음식물이 소화되는 과정의 일부이다.
④ 물질을 합성하는 반응이다.

13 다음 중 염증 반응에 대한 설명으로 옳은 것을 모두 고른 것은?

> ㉠ 병원균이 체내로 들어오면 비만 세포로부터 히스타민이 분비된다.
> ㉡ 히스타민은 주변의 모세 혈관을 수축시킨다.
> ㉢ 호중성 백혈구나 대식 세포에 의한 식세포 작용이 활발하게 일어난다.

① ㉠   ② ㉡
③ ㉠, ㉢   ④ ㉡, ㉢

14 다음 그림은 미토콘드리아에서 일어나는 세포 호흡을 나타낸 것이다. A와 B는 각각 산소와 이산화 탄소 중 하나이다. 이에 대한 설명으로 옳은 것을 모두 고른 것은?

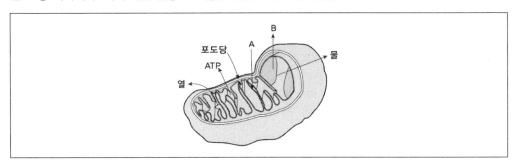

> ㉠ A는 이산화탄소이다.
> ㉡ 폐에서 B가 배출된다.
> ㉢ 포도당의 에너지 전부가 ATP에 저장된다.

① ㉠

② ㉡

③ ㉢

④ ㉠, ㉢

15 300개의 뉴클레오티드로 구성된 mRNA가 있다. 이 mRNA의 마지막에 종결 코돈이 위치하고 있다면 여기서 만들어지는 폴리펩티드는 몇 개의 아미노산으로 구성되는가?

① 99개

② 100개

③ 101개

④ 299개

16 바이러스가 다른 생물에 기생하여 증식할 수 있는 것은 바이러스를 구성하는 물질 중 무엇 때문인가?

① 지질

② 핵산

③ 단백질

④ 탄수화물

17 다음 중 조직에 해당하지 않는 것은?

① 뼈

② 인대

③ 혈액

④ 심장

18 다음 중 생물체 내에서 단백질에 대한 역할로 옳은 것을 모두 고른 것은?

> ㉠ 원형질의 성분이다.
> ㉡ 호르몬의 주성분이다.
> ㉢ 이산화탄소를 운반한다.
> ㉣ 항체의 성분이다.

① ㉠, ㉡ ② ㉡, ㉢
③ ㉠, ㉡, ㉣ ④ ㉡, ㉢, ㉣

19 세포 소기관에 대한 설명으로 옳지 않은 것은?

① 핵은 2중막이며 세포의 증식과 유전에 관여한다.
② 미토콘드리아는 세포 호흡 장소이며 에너지 대사의 중심이다.
③ 엽록체는 빛에너지를 화학 에너지로 전환한다.
④ 리보솜은 물질의 저장 및 분비를 담당한다.

20 다음은 생명 과학의 탐구 과정을 나타낸 것이다. 순서대로 바르게 나열한 것은?

> ㉠ 데이터의 수집과 해석 ㉡ 타당한 가설의 설정
> ㉢ 실험 계획과 수행 ㉣ 정확한 사실의 관찰
> ㉤ 가설의 증명과 결론의 유도

① ㉠ – ㉡ – ㉢ – ㉣ – ㉤
② ㉡ – ㉢ – ㉣ – ㉤ – ㉠
③ ㉢ – ㉠ – ㉣ – ㉡ – ㉤
④ ㉣ – ㉡ – ㉢ – ㉠ – ㉤

실전 모의고사 22회

정답 및 해설 P.208

1 사람의 몸을 구성하는 단계에 대한 정의나 예로 옳은 것을 모두 고른 것은?

> ㉠ 이자는 조직에 해당한다.
> ㉡ 심장과 혈관은 순환계에 속하는 기관이다.
> ㉢ 동일한 구조와 기능을 가진 세포들의 집단을 기관이라고 한다.

① ㉡
② ㉢
③ ㉠, ㉡
④ ㉠, ㉢

2 식물의 조직 중 성격이 다른 하나는?

① 표피 조직
② 통도 조직
③ 기계 조직
④ 분열 조직

3 지질에 대한 설명으로 옳은 것을 모두 고른 것은?

> ㉠ 인지질은 세포막의 주성분이다.
> ㉡ 스테로이드는 호르몬의 구성 물질이다.
> ㉢ 중성 지방은 기름과 글리세롤로 분해된다.
> ㉣ 스테로이드는 고리 모양의 분자 구조를 가진다.

① ㉠, ㉡
② ㉡, ㉢
③ ㉠, ㉡, ㉣
④ ㉡, ㉢, ㉣

4 리보솜과 소포체에 대한 설명으로 옳지 않은 것은?

① 리보솜은 알갱이 모양을 하고 있는 세포 소기관이다.
② 리보솜은 여러 가지 가수 분해 효소를 함유하고 있다.
③ 소포체 막의 일부는 핵막과 연결되어 있다.
④ 소포체는 세포 내에서 물질의 이동 통로 역할을 한다.

5 핵산에 대한 설명으로 옳은 것을 모두 고른 것은?

> ㉠ DNA와 RNA의 염기 구성은 같다.
> ㉡ 핵산의 기본 단위는 인산, 당, 염기가 1 : 1 : 1로 구성된다.
> ㉢ DNA의 2중 나선 구조가 분리된 것이 RNA이다.

① ㉠   ② ㉡
③ ㉠, ㉡   ④ ㉡, ㉢

6 엽록체와 미토콘드리아에 대한 설명으로 옳은 것을 모두 고른 것은?

> ㉠ 엽록체와 미토콘드리아에는 효소가 있어 물질대사를 한다.
> ㉡ 미토콘드리아에서는 발열 반응이 일어나며, 산소를 이용하는 산화 반응을 한다.
> ㉢ 엽록체는 식물 세포의 광합성 장소이며, 포도당을 합성하고 산소를 흡수한다.

① ㉠   ② ㉡
③ ㉠, ㉡   ④ ㉡, ㉢

7 21번 염색체를 하나 더 가지고 있으면 다운 증후군이 된다. 흥미로운 것은 3번 염색체나 16번 염색체 하나를 더 갖는 경우보다 21번 염색체를 갖는 경우가 더 빈번한데, 그 이유는 무엇인가?

① 다른 염색체보다 21번 염색체에 더 많은 유전자가 있기 때문이다.

② 21번 염색체는 성염색체인데 비해 다른 염색체는 그렇지 않기 때문이다.

③ 다른 염색체의 경우 염색체가 더 많게 되면 치명적이 되기 때문이다.

④ 다운 증후군이 다른 경우보다 더 빈번한 것이 아니라 단지 더 심각한 것이다.

8 간기의 각 시기의 특징으로 옳은 것을 모두 고른 것은?

> ⊙ G_1기에는 단백질을 비롯한 여러 가지 세포 구성 물질을 합성하며, 미토콘드리아나 리보솜 같은 세포 소기관의 수가 증가한다.
> ⊙ G_2기에는 분열에 필요한 방추사의 원료가 되는 단백질과 세포막을 구성하는 물질을 합성한다.
> ⊙ S기에는 염색체가 관찰된다.

① ㉠   ② ㉡

③ ㉠, ㉡   ④ ㉡, ㉢

9 감수 분열에 대한 설명 중 옳지 않은 것은?

① 감수 1분열 전기: 상동 염색체가 접합하여 2가 염색체를 형성한다.

② 감수 1분열 중기: 2가 염색체가 적도면에 배열한다.

③ 감수 1분열 말기: 염색체가 양극에 도달하고 세포질이 분열하여 2개의 딸세포가 만들어진다.

④ 감수 1분열 후기: 염색 분체가 분리되어 양극으로 이동한다.

10 동물 세포와 식물 세포의 세포질 분열에 대한 설명으로 옳은 것을 모두 고른 것은?

> ㉠ 동물 세포는 세포질 만입이 이루어진다..
> ㉡ 식물 세포는 세포판이 안쪽에서 바깥쪽으로 성장한다.
> ㉢ 세포판은 장차 세포막으로 된다.

① ㉠
② ㉡
③ ㉠, ㉡
④ ㉡, ㉢

11 완두가 유전 현상을 연구하는 데 좋은 재료가 되는 이유로 옳지 않은 것은?

① 한 세대가 짧다.
② 자손의 수가 많다.
③ 구하기 쉽고 재배가 쉽다.
④ 형질이 복잡하고 대립 형질이 뚜렷하지 않다.

12 그림은 어떤 사람의 핵형을 분석한 것이다. 이 자료와 관련된 설명으로 옳지 않은 것은?

1	2	3	4	5	6
7	8	9	10	11	12
13	14	15	16	17	18
19	20	21	22		XX

① 22쌍의 상염색체를 갖고 있다.
② 23쌍의 상동 염색체를 갖고 있다.
③ 23쌍의 대립 유전자를 갖고 있다.
④ 낫 모양 적혈구 빈혈증 여성의 핵형과 동일하다.

13 그림 (가)와 (나)는 어떤 동물의 분열 중인 세포를 나타낸 것이다. 이 자료에 대한 설명으로 옳은 것을 모두 고른 것은?

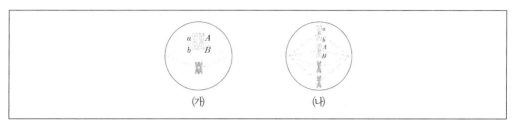

> ㉠ (가)와 (나)는 DNA량은 같다.
> ㉡ (가)는 감수 제2분열 중이고, (나)는 감수 제1분열 중이다.
> ㉢ (나)에서 a와 b 사이에 교차가 일어난다.

① ㉠

② ㉡

③ ㉢

④ ㉠, ㉡

14 다음 그래프는 개체군의 이론적 생장 곡선과 실제의 생장 곡선을 나타낸 것이다. 밀도가 높아지면 개체군의 생장이 이론과 달리 계속 증가할 수 없는 환경 저항에 해당되지 않는 것은?

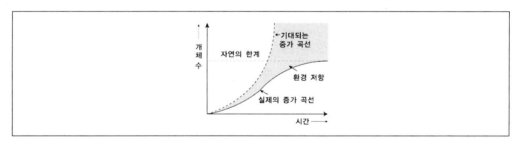

① 먹이의 부족

② 질병의 증가

③ 노폐물의 증가

④ 자연 재해의 증가

15 다음 중 생태계의 평형에 대한 설명으로 옳지 않은 것은?

① 극상을 이룬 군집은 평형 상태에 있다.

② 먹이 연쇄가 생태계 평형의 기초가 된다.

③ 생물의 종이 다양할수록 평형 유지가 쉽다.

④ 먹이 그물이 복잡하게 형성되어 있을수록 평형이 파괴되기 쉽다.

16 다음 그림은 식물 군집의 천이 과정을 나타낸 것이다. 이에 대한 설명으로 옳은 것은?

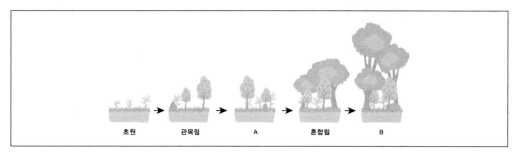

① A에서 극상을 이룬다.

② A는 음수림, B는 양수림이다.

③ 천이 초기 단계에서 형성되는 식물 군집을 극상이라고 한다.

④ A 지역에 산불이 발생하면, 그 이후 이 지역에서는 2차 천이가 진행된다.

17 다음 그림은 뉴런에 자극을 주었을 때 막전위의 변화를 나타낸 것이다. 이에 대한 설명으로 옳지 않은 것은?

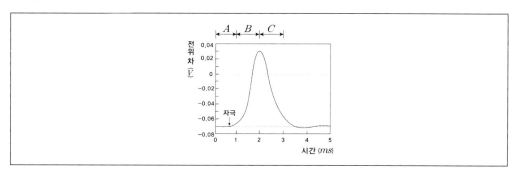

① A는 탈분극 상태이다.
② 휴지 전위는 −0.07 V이다.
③ B는 뉴런이 자극을 받아 흥분하는 상태이다.
④ C에서는 K+ 통로가 열려 있다.

18 그림은 사람의 뇌를 나타낸 것이다. A 부분이 사고로 손상되었을 때 나타날 수 있는 1차적인 증상으로 옳은 것은?

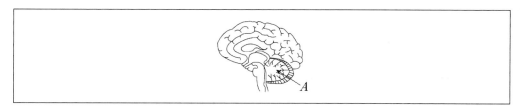

① 체온 조절이 안 된다.
② 안구 운동에 장애가 온다.
③ 심장 박동이 불규칙해진다.
④ 몸의 균형을 유지하기 어렵다.

19 음식물을 짜게 먹으면 갈증이 난다. 이때 체내에서 일어나는 변화로 옳은 것은?

① 오줌의 농도가 진해진다.

② 항이뇨 호르몬 분비가 억제된다.

③ 무기질 코르티코이드 분비가 촉진된다.

④ 세뇨관에서 염분의 재흡수율이 높아진다.

20 다음 그림은 인체 내 에너지 대사 과정을 나타낸 것이다. 이에 대한 설명으로 옳지 않은 것은?

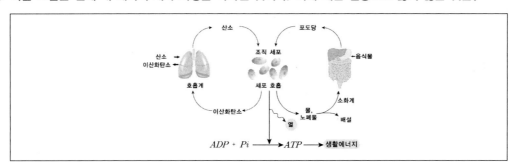

① 세포 호흡에서 방출된 에너지는 ATP에 저장되었다가 생활 에너지로 이용된다.

② 호흡계는 세포 호흡에 필요한 산소를 흡수한다.

③ 순환계는 세포 호흡에 필요한 물질을 운반하는 데 관여한다.

④ 세포 호흡 결과 발생한 노폐물의 운반에 배설계가 관여한다.

실전 모의고사 23회

정답 및 해설 P.210

1 다음 그림은 생태계에서의 탄소 순환 과정을 나타낸 것이다. 이 자료에 대한 설명으로 옳은 것을 모두 고른 것은?

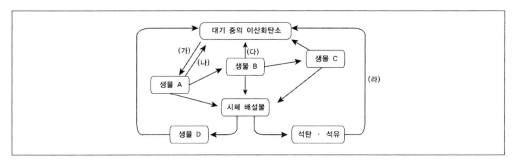

㉠ (가)는 광합성, (나)와 (다)는 호흡에 해당한다.
㉡ 생물 B는 생산자이다.
㉢ 생물 D는 소비자이다.
㉣ (라) 과정은 온실 효과를 일으키는 원인이 된다.

① ㉠, ㉡　　　　　　　　　　② ㉠, ㉣
③ ㉡, ㉢　　　　　　　　　　④ ㉡, ㉣

2 다음은 군집의 천이 과정에 따른 우점종 변화이다. 이 자료에 대한 설명으로 옳은 것을 모두 고른 것은?

> 지의류 → 솔이끼 → 억새 → 참싸리 → 소나무 → 참나무

> ㉠ 개척자는 솔이끼이다.
> ㉡ 호소에서 일어나는 1차 천이 과정이다.
> ㉢ 화산 폭발에 의해 만들어진 대지에서 일어나는 천이 과정이다.

① ㉠   ② ㉢
③ ㉠, ㉡   ④ ㉠, ㉢

3 다음 그림은 어떤 자연 생태계가 평형을 유지하다가 어떤 원인에 의해 1차 소비자의 생물량이 증가하여 평형이 깨진 경우이다. 이 생태계의 다음 단계에서 일어날 변화로 옳은 것은?

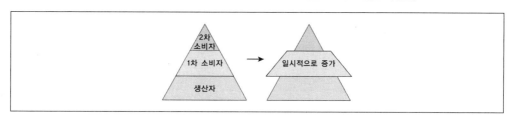

	생산자 생물량	2차 소비자 생물량
①	증가	감소
②	증가	증가
③	감소	증가
④	감소	감소

4 그림은 골격근의 근육 원섬유의 구조를 나타낸 것이다. A~D 중에서 근육이 수축되었을 때 간격이 좁아지는 것을 모두 고른 것은?

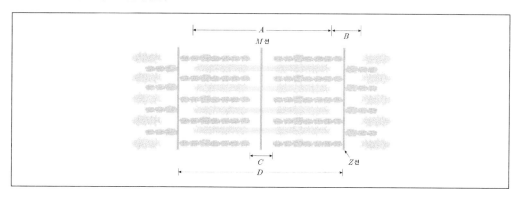

① A, B

② A, C

③ B, D

④ B, C, D

5 다음 그림은 명희와 민수의 혈액에 있는 ABO식 혈액형의 응집원과 응집소를 모식적으로 나타낸 것이다. 이에 대한 설명으로 옳은 것을 모두 고른 것은?

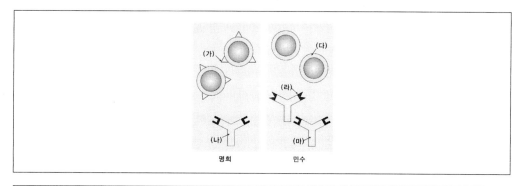

ㄱ 민수의 혈액형은 B형이다.
ㄴ (가)는 응집소이고, (나)는 응집원이다.
ㄷ (라)와 (마)는 혈장에 있다.

① ㄱ

② ㄷ

③ ㄱ, ㄷ

④ ㄴ, ㄷ

6 다음은 호르몬에 의해 혈당량이 조절되는 과정이다. 이에 대한 설명으로 옳지 않은 것은?

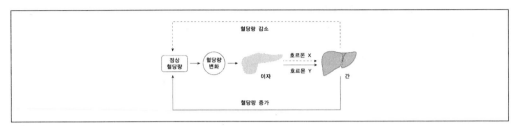

① X의 분비량이 부족하면 오줌에서 포도당이 검출될 수 있다.

② 식사를 하고 오랜 시간이 지나면 Y의 분비가 감소한다.

③ X와 Y는 길항 작용으로 혈당량을 조절한다.

④ X는 인슐린, Y는 글루카곤이다.

7 다음 중 선천성 면역과 후천성 면역에 대한 설명으로 옳은 것은?

① 선천성 면역은 특이적 면역이다.

② 항체 생성은 선천성 면역의 일종이다.

③ 피부와 점막은 후천성 면역 기관이다.

④ 세포 독성 T 세포에 의한 식균 작용은 후천성 면역이다.

8 다음 중 염증 반응에 대한 설명으로 옳은 것을 모두 고른 것은?

> ㉠ 병원균이 체내로 들어오면 비만 세포로부터 히스타민이 분비된다.
> ㉡ 히스타민은 주변의 모세 혈관을 수축시킨다.
> ㉢ 호중성 백혈구나 대식 세포에 의한 식세포 작용이 활발하게 일어난다.

① ㉠   ② ㉡

③ ㉠, ㉢   ④ ㉡, ㉢

9 식물의 구성 단계에 대한 설명으로 옳은 것을 모두 고른 것은?

> ㉠ 기관은 영양 기관과 생식 기관이 있다.
> ㉡ 분열 여부에 따라 영구 조직과 분열 조직으로 나눈다.
> ㉢ 조직계는 표피계, 통도 조직계, 기본 조직계로 나눌 수 있다.

① ㉠

② ㉡

③ ㉠, ㉡

④ ㉡, ㉢

10 더운 지방에 사는 동물과 달리 추운 지방에 사는 동물이 큰 몸집에 지방이 많은 이유로 옳은 것을 모두 고른 것은?

> ㉠ 지방은 피부 밑에 두껍게 자리하고 있으므로 체온을 유지하는 데 유리하기 때문이다.
> ㉡ 지방은 비열이 높아 체온이 쉽게 내려가는 것을 막아주기 때문이다.
> ㉢ 1g당 지방이 탄수화물의 2배 이상의 에너지를 낼 수 있기 때문이다.

① ㉠

② ㉡

③ ㉠, ㉢

④ ㉡, ㉢

11 생명체를 구성하는 기본 물질에 대한 설명 중 옳지 않은 것은?

① 지방은 비열이 높고 용해성이 크며 생체 내 각종 물질의 용매 역할을 한다.

② 단백질은 아미노산의 펩타이드 결합으로 형성된다.

③ 탄수화물에는 단당류, 이당류, 다당류가 있다.

④ 핵산은 유전 정보를 저장하거나 전달한다.

12 체내의 조직을 결합하거나 지지하는 조직을 결합 조직이라고 한다. 혈액은 결합 조직의 예이다. 다음 중 결합 조직의 작용에 속하는 것은?

① 양분의 운반　　　　　　　　　② 소리의 감각
③ 자극의 전달　　　　　　　　　④ 근육의 운동

13 탄수화물, 지질, 단백질에 대한 공통 특징으로 옳은 것을 모두 고른 것은?

> ㉠ C, H, O로만 구성된다.
> ㉡ 에너지원으로 이용된다.
> ㉢ 몸의 구성 물질로 이용된다.
> ㉣ 체내 생리 기능의 조절에 관여한다.

① ㉠, ㉡　　　　　　　　　　　② ㉡, ㉢
③ ㉠, ㉡, ㉢　　　　　　　　　④ ㉡, ㉢, ㉣

14 다음은 동식물 세포의 모식도이다. 기호와 특징의 설명으로 옳지 않은 것은?

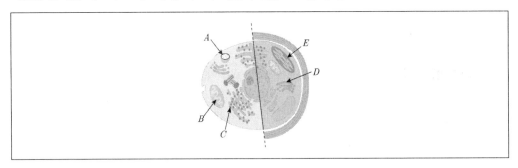

① A는 세포내 소화를 담당하는 소기관이다.
② B에서 세포 호흡이 일어난다.
③ C에서 단백질을 합성한다.
④ D는 빛에너지를 화학 에너지로 전환시킨다.

15 바이러스는 생물과 무생물의 중간형으로 질병을 일으키는 원인이 되기도 한다. 어느 학생이 바이러스에 대해 조사한 후 바이러스가 지구상에 나타난 최초의 생명체가 아니라고 생각했다면, 그 근거가 될 수 있는 특징을 모두 고른 것은?

> ㉠ 단백질과 핵산으로 구성되어 있다.
> ㉡ 외부 환경에 적응하고 돌연 변이한다.
> ㉢ 생물체 내에서만 복제하여 증식할 수 있다.
> ㉣ 효소가 없으므로 스스로 물질 대사를 할 수 없다.

① ㉠, ㉡   ② ㉠, ㉣
③ ㉡, ㉢   ④ ㉢, ㉣

16 체세포 분열과 감수 분열에 대한 설명 중 옳지 않은 것은?

① 체세포 분열은 1회, 감수 분열은 2회 분열한다.
② 분열 후 체세포 분열은 2개, 감수 분열은 4개의 딸세포가 생긴다.
③ 체세포 분열은 2n→2n, 감수 분열은 2n→n의 핵상 변화가 일어난다.
④ DNA양 변화는 체세포 분열과 감수 분열 모두 변화 없다.

17 그림은 사람이 갖는 두 종류의 세포가 분열 할 때 핵 1개당 DNA양의 상대적인 변화를 나타낸 것이다. 이에 대한 설명으로 옳은 것은?

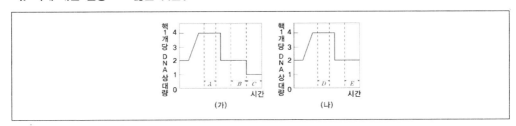

① (가)에서 시기 A의 염색체 수는 C의 4배이다.
② DNA복제는 (가)에서 2회, (나)에서 1회 일어난다.
③ 핵분열은 (가)와 (나)에서 모두 1회씩 일어난다.
④ (가) 분열을 통해서는 정자나 난자를 만들고, (나) 분열을 통해서는 생장하고 상처 부위를 재생한다.

18 표는 민수네 가족의 미맹 여부를 나타낸 것이다. 이에 대한 설명으로 옳은 것을 모두 고른 것은?

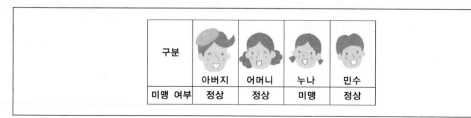

구분	아버지	어머니	누나	민수
미맹 여부	정상	정상	미맹	정상

> ㉠ 미맹은 우성 형질이다.
> ㉡ 아버지는 미맹 유전자를 가지고 있다.
> ㉢ 민수는 미맹 유전자를 가지고 있을 수도 있고 가지고 있지 않을 수도 있다.

① ㉠   ② ㉡

③ ㉢   ④ ㉡, ㉢

19 다음 그림은 사람의 염색체 구조 이상을 나타낸 것이다. 이에 대한 설명으로 옳은 것을 〈보기〉에서 모두 고른 것은?

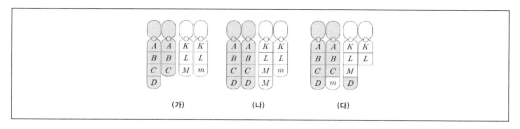

> ㉠ (가)와 같은 현상이 5번 염색체에 일어나면 페닐케톤뇨증의 유전병이 나타난다.
> ㉡ (나)는 염색체의 일부가 중복된 것이다.
> ㉢ (다)는 상동 염색체 사이에서 전좌가 일어난 것이다.

① ㉠   ② ㉡

③ ㉠, ㉡   ④ ㉠, ㉢

20 완두는 키가 큰 것(T)이 작은 것(t)에 대해 우성이고, 콩의 색깔이 황색인 것(Y)는 녹색인 것(y)에 대해 우성이며 완두의 키와 콩의 색깔은 독립의 법칙을 따른다. 다음 중 키가 크고 콩의 색깔이 황색인 완두가 생길 수 없는 경우는?

① $TTYY \times ttyy$

② $TTyy \times ttYy$

③ $ttYy \times Ttyy$

④ $Ttyy \times TTyy$

실전 모의고사 24회

생물

정답 및 해설 P.212

1 DNA와 RNA에 대한 설명으로 옳은 것을 모두 고른 것은?

> ㉠ DNA는 단일 가닥이지만 RNA는 이중 가닥이다.
> ㉡ DNA와 RNA를 구성하고 있는 염기의 종류가 같다.
> ㉢ DNA의 당은 RNA의 당에서 산소가 하나 빠져있다.

① ㉠   ② ㉡

③ ㉢   ④ ㉠, ㉢

2 다음은 진핵 생물의 염색체 구조를 나타낸 것이다. 이에 대한 설명으로 옳은 것만을 〈보기〉에서 있는 대로 고른 것은?

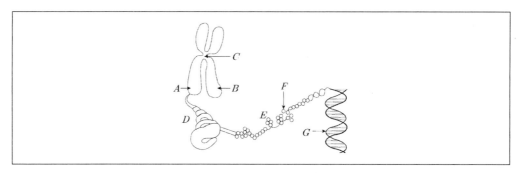

> ㉠ A와 B의 유전자 구성이 동일하다.
> ㉡ C는 방추사가 연결되는 부위이다.
> ㉢ D는 염색체로 분열기 중 중기에 관찰된다.
> ㉣ E는 뉴클레오솜으로 F와 G로 구성되어 있다.

① ㉠, ㉡   ② ㉡, ㉢

③ ㉡, ㉣   ④ ㉠, ㉡, ㉣

3 수정란이 난할을 거듭할수록 세포 1개의 크기는 점점 작아지는 이유를 세포주기와 관련지어 옳게 설명한 것은?

① 염색체 수가 감소하기 때문이다.

② 세포 주기가 매우 짧기 때문이다.

③ 분열 결과 세포의 수가 증가하기 때문이다.

④ 세포가 생장하는 G_1기가 매우 짧기 때문이다.

4 그림은 증식하는 세포 집단에서 세포 모두 DNA의 상대량에 따른 세포 수를 나타낸 것이다. 이에 대한 설명으로 옳은 것을 고른 것은?

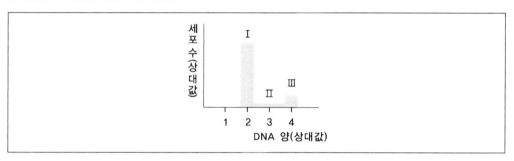

ㄱ. I은 G_1기에 해당한다.

ㄴ. II에서 DNA중합 효소가 활발하게 작용한다.

ㄷ. III에서 염색체가 적도면에 배열되는 시기가 있다.

① ㄱ   ② ㄷ

③ ㄱ, ㄴ   ④ ㄱ, ㄴ, ㄷ

5 그래프는 세포 분열 과정에서 DNA 상대량 변화를 나타낸 것이다. 이에 대한 설명으로 옳은 것을 모두 고른 것은?

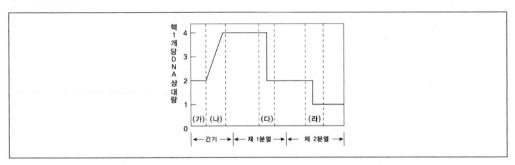

㉠ (가)와 (나)는 G₁기에 해당한다.
㉡ (다)에서 염색체 수가 반으로 줄어든다.
㉢ (라)에서 염색 분체가 분리된다.

① ㉠   ② ㉢
③ ㉠, ㉡   ④ ㉡, ㉢

6 다음 그림은 생태계의 질소 순환 과정을 나타낸 것이다. 위 그림에 관한 설명으로 옳지 않은 것은?

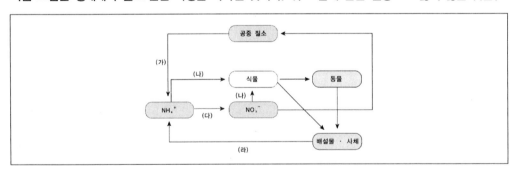

① 동물은 질소 순환에 영향을 미친다.
② (라) 과정은 분해자에 의해 일어난다.
③ 대부분의 식물은 공기 중의 질소를 이용한다.
④ 식물은 이 과정에서 얻은 질소를 이용하여 단백질을 합성한다.

7 다음 중 생물 다양성을 보존해야 하는 이유를 모두 고른 것은?

㉠ 생태계 평형 유지	㉡ 유용 농작물의 품종 단일화
㉢ 식량 자원 확보	㉣ 의약품 개발
㉤ 생물의 돌연변이 방지	

① ㉠, ㉢ ② ㉢, ㉣

③ ㉣, ㉤ ④ ㉠, ㉢, ㉣

8 다음은 생물 다양성에 관한 설명이다. 옳지 않은 것은?

① 생물 다양성을 위해 생태계의 보존이 필요하다.
② 생물 다양성은 생물 종의 다양성만을 의미한다.
③ 식물 종의 다양성을 위해 종자 은행이 필요하다.
④ 생물의 유전적 다양성이 크면 환경에 대한 적응력이 커진다.

9 다음 그림은 짚신벌레 A종과 B종의 개체군 생장 곡선을 나타낸 것이다. 이에 대한 설명으로 옳지 않은 것은?

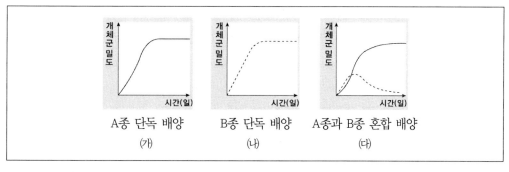

① (가)에서 A종은 환경 저항을 받는다.
② (가)에서 A종의 생장 곡선은 S자형이다.
③ (나)에서 B종의 생장 곡선은 S자형이다.
④ (다)에서 A종은 환경 저항을 받지 않는다.

10 다음 중 염색체의 구조적 이상에 의해 나타나는 유전병은 무엇인가?

① 터너 증후군
② 페닐케톤뇨증
③ 헌팅턴 무도병
④ 고양이 울음 증후군

11 그림은 어떤 사람의 염색체 돌연변이를 나타낸 것이다. 염색체 돌연변이의 종류로 알맞은 것을 고르면?

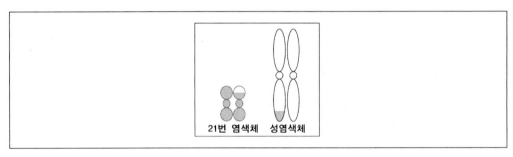

① 이수성
② 결실
③ 전좌
④ 역위

12 혈우병을 나타내지 않는 남자와 여자가 결혼하여 혈우병을 나타내는 아들을 낳았다. 둘째가 딸일 경우 혈우병 유전자를 가질 확률은?

① 12.5%
② 25%
③ 50%
④ 75%

13 서로 다른 대립 형질을 가지는 순종의 두 개체를 교배했을 때 자손 1대에서 표현되지 않는 잠재된 형질을 무엇이라고 하는가?

① 우성
② 열성
③ 잡종
④ 헤테로

14 다음은 유전자형이 $AaBbCc$인 개체와 유전자형이 $aabbcc$인 개체를 교배시켜 얻은 자손(F_1)의 유전자형 비를 나타낸 것이다. F_1의 $aaBbCc$를 검정 교배할 경우 표현형 $aaB\_cc : aaB\_C\_$의 분리비는 얼마인가?

> AaCc : Aacc :aaCc : aacc = 1 : 1 : 1 : 1
>
> BbCc : Bbcc : bbCc :bbcc = 1 : 0 : 0 : 1

① 0 : 1   ② 1 : 0

③ 1 : 1   ④ 2 : 1

15 사람의 염색체에 대한 설명으로 옳지 않은 것은?

① 22쌍의 상염색체와 1쌍의 성염색체를 갖는다.

② XX는 여성, XY는 남성을 나타낸다.

③ 사람의 체세포 핵상은 2n(=46)이다.

④ 염색분체의 같은 위치에 동일한 형질을 결정하는 유전자를 대립형질이라고 한다.

16 세포 주기 중 DNA 복제가 일어나는 시기는?

① 전기   ② 후기

③ G_1 기   ④ S기

17 그림은 어느 집안의 색맹과 혈액형에 대한 가계도를 나타낸 것이다. 이에 대한 설명으로 옳은 것을 모두 고른 것은?

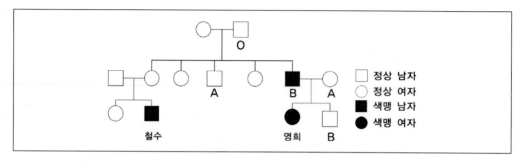

> ㉠ 색맹은 정상에 비해 열성이다.
> ㉡ 철수 외할머니는 보인자이며 A형이다.
> ㉢ 영희 어머니는 보인자이며 혈액형 유전자는 동형접합이다.

① ㉠   ② ㉡
③ ㉢   ④ ㉠, ㉢

18 다음 그림은 항원 X와 Y가 인체에 침입하였을 때 시간에 따른 항체의 농도 변화를 나타낸 것이다. (단, 구간 A 이전에 항원 X와 Y가 침입한 적이 없다.) 이에 대한 설명으로 옳은 것을 모두 고른 것은?

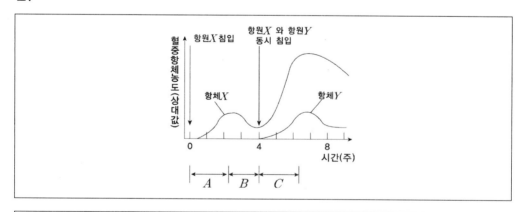

> ㉠ 항원의 1차 침입 시 항체는 즉각적으로 형성된다.
> ㉡ 구간 C에서 항원 Y에 대한 기억세포가 형성되었다.
> ㉢ 구간 B에서 항체 X의 농도가 감소한 것은 항원이 줄어들었기 때문이다.

① ㉠   ② ㉢
③ ㉠, ㉡   ④ ㉡, ㉢

19 그림은 두 종류의 세포 구조를 모식적으로 나타낸 것이다. 세포 소기관 a~d의 특징으로 옳은 것은?

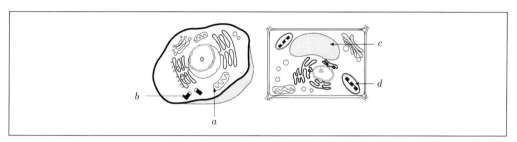

① a – 동물세포에만 존재한다.
② b – 세포 분열 시 방추사를 형성한다.
③ c – 빛을 흡수하여 광합성이 일어난다.
④ d – 물질대사 결과 생성된 노폐물을 저장한다.

20 표는 물과 에탄올의 특성을 조사한 결과이다. 사람의 몸은 70%이상이 물로 되어 있다. 에탄올 대신 물로 이루어져 있어서 유리한 점으로 옳은 것은?

구분 특성	물	에탄올
	극성	극성
비열(kJ/kg℃)	4.18	2.42
어는점(℃)	0	−114
끓는점(℃)	100	78
기화열(kJ/kg)	2256	837

① 어는점이 높아서 기온이 낮아도 몸이 얼지 않는다.
② 끓는점이 높아서 체온이 높아지면 땀이 쉽게 기화한다.
③ 비열이 커서 기온 변화에 따라 체온이 쉽게 변하지 않는다.
④ 극성 용매이므로 극성을 띠는 단백질을 잘 용해시킬 수 있다.

실전 모의고사 25회

정답 및 해설 P.214

1 감기 바이러스가 가지고 있는 생물적 특성으로 옳지 않은 것은?

① 핵산을 가지고 있으며, 생물체 내에서 증식할 수 있다.

② 생물체 내에서 유전 현상이 일어난다.

③ 환경변화에 적응하고 돌연변이도 가능하다.

④ 세포 밖에서는 단백질 결정체로 존재한다.

2 다음의 (가)는 2종류의 물질대사 A와 B를, (나)는 물질대사과정에서 일어나는 에너지 출입을 나타낸 것이다. 이에 대한 설명으로 옳은 것을 모두 고른 것은?

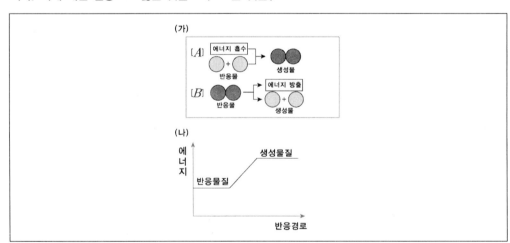

ㄱ A의 예로는 광합성이 있다.

ㄴ A는 발열반응, B는 흡열반응이다.

ㄷ B의 예로는 연소가 있다.

ㄹ (가)의 B에서는 (나)와 같은 에너지 변화가 나타난다.

① ㉠   ② ㉠, ㉢

③ ㉢, ㉣   ④ ㉠, ㉢, ㉣

3 생명체를 구성하는 성분 중 가장 많은 양을 차지하고 있는 물질에 대한 설명으로 옳은 것은?

① 비열과 기화열이 커서 체온 유지에 적합하다.

② 탄소, 수소, 산소로 구성되며 효소의 주성분이다.

③ 펩타이드 결합에 의해 많은 아미노산이 연결된 것이다.

④ 사람의 몸 안에서 에너지를 내는 데 가장 우선적으로 이용된다.

4 세포 내의 미세 구조물 중 동물 세포에는 없고 식물 세포에서만 발견되는 것은?

① 엽록체, 액포   ② 세포벽, 엽록체

③ 중심립, 골지체   ④ 중심립, 세포막

5 동물의 조직 중에서 체내 조직이나 기관을 서로 결합하여 주거나 연결하여 주는 기능을 하는 조직은?

① 상피 조직   ② 근육 조직

③ 신경 조직   ④ 결합 조직

6 다음은 생물의 몸을 구성하는 물질 중의 하나의 그림이다. 이 그림에 대한 설명으로 옳지 않은 것은?

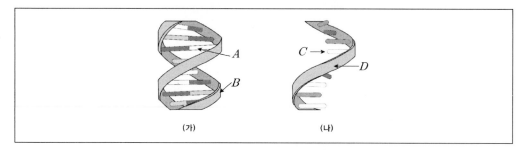

① (가)는 순수한 정보 분자로서 염기 서열의 형태로 암호화 되어 있다.

② (가)는 2중 나선, (나)는 단일 가닥으로 되어 있다.

③ (가)는 디옥시리보오스, (나)는 리보오스의 5탄당을 함유하고 있다.

④ A와 C에 공통으로 해당되는 염기는 아데닌, 구아닌, 티민이다.

7 다음 그림은 생체막의 구조를 나타낸 것이다. 이에 대한 설명으로 옳은 것을 모두 고른 것은?

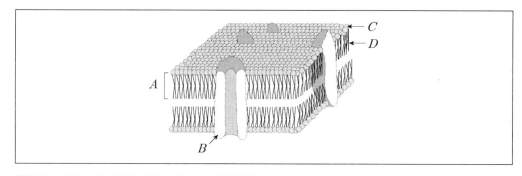

㉠ B는 막단백질로 물질의 수송을 담당한다.
㉡ C는 친수성, D는 소수성 물질로 되어있다.
㉢ 미토콘드리아는 A가 단일층으로 구성되어 있다.

① ㉠   ② ㉡

③ ㉢   ④ ㉠, ㉡

8 DNA와 유전자 및 염색체의 관계에 대한 설명으로 옳은 것을 모두 고른 것은?

> ㉠ DNA는 단백질과 함께 염색체를 구성한다.
> ㉡ 1개의 유전자는 몇 개의 DNA분자로 구성된다.
> ㉢ 유전자는 생물의 형질을 결정하는 유전정보가 있는 DNA의 특정 부분이다.

① ㉠

② ㉢

③ ㉠, ㉢

④ ㉡, ㉢

9 같은 종의 생물은 체세포에 들어 있는 염색체의 수와 모양이 일정한데 이를 무엇이라고 하는가?

① 핵형

② 핵상

③ Genome

④ 상염색체

10 체세포 분열과 감수 분열을 비교한 것이다. 옳지 않은 것은?

	체세포 분열	감수 분열
① 분열 장소	대부분의 동식물체	생식 기관
② 분열 횟수	1회	2회
③ 딸세포의 수	2개	4개
④ 염색체의 수	$2n \rightarrow n$	$2n \rightarrow 2n$

11 어떤 동물의 체세포 염색체 수는 26개이다. 이 동물의 ㈎체세포분열 중기의 세포에 있는 염색분체의 수와 ㈏감수 제2분열 중기의 세포 1개당 염색체 수를 각각 옳게 짝지은 것은?

	㈎	㈏
①	26	13
②	26	26
③	13	26
④	52	13

12 둥글고 황색(RrYY)인 완두를 자가 교배하였을 때 자손의 표현형 비로 옳은 것은? (단, 둥근 모양(R)은 주름진 모양(r)에, 황색(Y)은 녹색(y)에 대해 각각 완전 우성이다.)

① 둥글고 황색 : 주름지고 녹색 = 3 : 1

② 둥글고 황색 : 주름지고 황색 = 3 : 1

③ 둥글고 녹색 : 주름지고 녹색 = 1 : 1

④ 둥글고 녹색 : 주름지고 황색 = 1 : 3

13 다음 배설과 관련된 설명 중 바른 것을 모두 고르시오.

ⓐ 대사노폐물을 몸 밖으로 배출하는 과정이다.
ⓑ 여과, 재흡수, 분비 단계를 거쳐 오줌이 형성된다.
ⓒ CO_2는 호흡을 통해 물과 요소는 콩팥을 통해 오줌으로만 배설된다.

① ⓐ ② ⓑ

③ ⓐ, ⓑ ④ ⓐ, ⓒ

14 다음 호흡과 관련된 설명 중 바른 것을 모두 고르시오.

ⓐ 날숨 구간에서 흉강의 압력이 폐압보다 높다.
ⓑ 가스 교환의 원리는 분압 차에 따른 확산이다.
ⓒ 산소는 세포 호흡 과정에서 유기물의 산화에 이용된다.

① ⓐ ② ⓑ

③ ⓐ, ⓑ ④ ⓑ, ⓒ

15 다음 소화계와 관련된 설명 중 바른 것을 모두 고르시오.

> ⓐ 아밀레이스는 침샘과 이자에서 분비된다.
> ⓑ 펩신은 단백질을 아미노산으로 분해시킨다.
> ⓒ 쓸개즙은 지방의 분해를 촉진하는 소화효소로써 간에서 생성된다.

① ⓐ

② ⓐ, ⓑ

③ ⓑ, ⓒ

④ ⓐ, ⓒ

16 다음 중 광자(photon)에너지가 높은 것에서 낮은 순으로 바르게 배열한 것은?

> ㉠ X선 ㉢ 적외선
> ㉣ 자외선 ㉤ 라디오파
> ㉤ 가시광선

① ㉠→㉤→㉣→㉤→㉢

② ㉢→㉠→㉤→㉣→㉤

③ ㉠→㉤→㉣→㉤→㉢

④ ㉢→㉤→㉠→㉣→㉤

17 다음은 우리 몸의 호르몬 중 티록신이 분비되는 과정을 도식적으로 나타낸 그림이다. 만일 우리 몸의 갑상선에 이상이 생겨 제 기능을 발휘하지 못한다면 TRH(갑상선 자극 호르몬 방출 인자)와 TSH(갑상선 자극 호르몬)의 분비량은 어떻게 변하겠는가?

```
                    ┌────── 피드백 ──────┐
                    │↓                    │
         시 상 하 부 ──TRH→ 뇌하수체 ──TSH→ 갑상선 ──티록신→ 표적기관 : 심장,간,근육
```

① TRH와 TSH의 분비량은 감소한다.

② TRH와 TSH의 분비량은 증가한다.

③ TRH는 증가하나 TSH는 감소한다.

④ TRH는 감소하나 TSH는 증가한다.

18 다음 중 염증 반응에 대한 설명으로 옳은 것을 [보기]에서 모두 고른 것은?

> ㉠ 병원균이 체내로 들어오면 비만 세포로부터 히스타민이 분비된다.
> ㉡ 히스타민은 주변의 모세 혈관을 수축시킨다.
> ㉢ 호중성 백혈구나 대식 세포에 의한 식세포 작용이 활발하게 일어난다.

① ㉠
② ㉡
③ ㉠, ㉢
④ ㉡, ㉢

19 다음은 골격근이 수축할 때 일어나는 무늬의 변화를 나타낸 것이다. A → B의 변화 과정에 대한 설명으로 옳은 것을 모두 고른 것은?

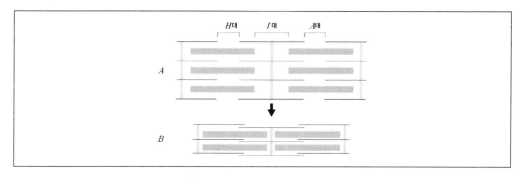

> ㉠ ATP와 Ca^{2+}이 없으면 이 과정이 일어나지 않는다.
> ㉡ 이 과정에서 A대의 길이가 변하지 않는다.
> ㉢ 이 과정에서 액틴과 마이오신 필라멘트의 길이가 짧아진다.

① ㉠
② ㉢
③ ㉠, ㉡
④ ㉡, ㉢

20 그림은 표준 혈청을 이용하여 어떤 사람의 혈액형을 검사한 결과이다. 이 사람의 혈액에 대한 설명으로 옳은 것은?

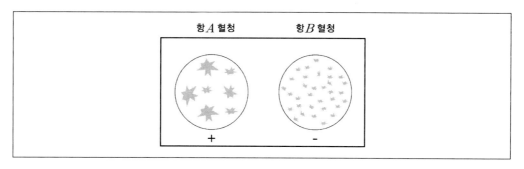

① 적혈구막에 응집원 B를 가지고 있다.

② 혈장에 응집소 β 가 있다.

③ 혈장에 항Rh 응집소가 있다.

④ AB형인 사람으로부터 소량의 수혈을 받을 수 있다.

정답 및 해설

생물

9급 국가직 · 지방직 공무원시험대비
실전 모의고사

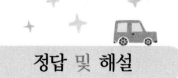
실전 모의고사 1회

Answer

1	2	3	4	5	6	7	8	9	10	11	12	13	14	15	16	17	18	19	20
①	④	①	③	②	④	④	①	①	④	④	④	②	③	①	①	④	④	②	③

1 ① 원심 분리를 하면 가장 무거운 핵부터 분리된다.

2 ④ 엽록체는 이중막 구조이고, 소포체, 골지체, 액포는 단일막 구조이다.

3 ① 각 영양 단계별로, 개체수, 생물량, 에너지량을 조사해보면 상위 영양 단계로 갈수록 그 양이 줄어들어 피라미드 모양을 나타내는데, 이를 생태 피라미드라고 한다. 따라서 개체수나 생물량, 에너지량 모두 하위 영양 단계로 갈수록 많다.

4 ③ 질화 작용은 NH_4^+를 NO_3^-로 산화시키는 작용이다.

5 ② 양치식물이나 겉씨식물은 물관 대신 헛물관을 갖는다.

6 ④ 유전자는 염색체에 존재하며, 염색체는 생식 세포 분열에 의해 만들어진 생식 세포를 통해 자손에게 전달된다. 따라서 유전 현상을 설명하기 위해 멘델이 가정한 유전 인자와 밀접한 관련을 가지는 것은 염색체이다.

7 ④ 체세포 분열 과정에서는 DNA상대량과 염색체 수는 변하지 않으므로 체세포 분열 후 딸세포의 DNA 상대량은 4로 모세포와 같으며, 염색체 수도 20개로 모세포와 같다.

8 ① 포도당 속에 저장된 에너지는 고에너지 전자의 형태로 수소이온(H^+)과 함께 분리된 후 전자 전달계를 거치면서 ATP에 저장된다.

9 ① HIV가 세포 내로 들어가려면 숙주 세포의 세포막에 HIV의 수용체가 존재해야 하는데, B림프구에는 HIV 수용체가 존재하지 않기 때문에 HIV가 감염시키지 못한다. 따라서 HIV는 주로 보조 T림프구를 감염시키지만 단핵구, 대식세포, 지방 세포도 HIV 수용체를 가지고 있기 때문에 이 세포들도 감염시킨다.

10 ④ 유전자 치료는 비정상 유전자를 정상 유전자로 대체하는 치료 방법이므로 유전자 재조합 기술이 이용된다.

11 ④ 불모지에서 일어나는 천이이므로 1차 천이이며, 이때는 지의류가 개척자 식물로 작용하고, 식물 군집의 천이는 음수림에서 극상을 맞이한다. 따라서 지의류 – 선태류 – 초본 군락 – 저목림 – 양수림 – 혼합림 – 음수림(극상)의 과정을 거친다.

12 ④ 개체군의 밀도는 증가(출생, 이입)하거나 감소(사망, 이출)하지만 급격하게 변하지는 않는다.

13 ② 오늘날 종의 개념은 형태적 유사성과 함께 계통이나 DNA염기 서열 등 분자 유전학적인 개념을 함께 고려하며, 특히 생식적인 격리를 중요시한다.

14 ③ 여자의 1%가 색맹이므로 색맹 유전자의 빈도를 q라고 할 때, 여자 중에서 색맹 유전자의 빈도는 $q=0.1$이 된다. 남자의 경우에는 색맹 유전자를 하나만 가져도 색맹이 되므로 집단의 남자들의 색맹 빈도는 0.1이므로 10%가 된다.

15 ① mRNA 마지막에 종결코돈이 있다고 하였으므로 종결코돈을 제외한 297개의 뉴클레오타이드가 지정하는 아미노산은 99개이다.

16 ① 유전 정보는 DNA의 염기가 3개씩 배열되는 방식에 의해 저장되어 있다. 이 유전 정보가 전사에 통해 mRNA에 옮겨지므로 mRNA의 염기 배열 순서도 유전 정보가 되며, mRNA의 유전 정보는 아미노산의 배열 순서를 결정한다.

17 ④ 호르몬의 내분비 물질로 혈액을 통해 분비된다. 소화샘, 땀샘 등은 외분비선으로 물질이 혈액으로 분비되지 않고 외부로 분비된다.

18 ④ 간상 세포는 로돕신이 분해될 때 발생하는 에너지에 의해 물체를 식별할 수 있는데 비타민A가 부족하여 로돕신이 적게 만들어지면 야맹증에 걸릴 수 있다. 색맹은 원추 세포의 이상이 있어 색깔을 구별하지 못할 때 나타난다.

19 ② 헤파린은 간에서 생성되는 항응고성 효소이다. 헤파린은 프로트롬빈이 트롬빈으로 되는 과정을 억제하므로 혈액이 응고되지 않는다.

20 ③ 감수 제 1분열이 끝난 제 2난모 세포 상태로 배란된다. 수정될 때 제 2분열이 일어나 난세포로 되어 난핵과 정핵이 융합한다.

Answer

1	2	3	4	5	6	7	8	9	10	11	12	13	14	15	16	17	18	19	20
②	③	②	①	①	③	③	③	④	③	②	②	④	②	④	③	②	③	③	③

1 ② 바이러스는 핵산과 단백질로 구성되어 있는데, 숙주 세포에 기생할 때 숙주 세포의 효소 등과 같은 물질 대사 기구를 이용하여 자신의 유전 물질인 핵산의 유전자를 발현시켜 물질 대사를 함으로써 증식한다.

2 ③ 위샘은 주세포와 부세포로 되어 있는데, 주세포에서는 펩시노겐을, 부세포에서는 염산을 분비한다. 펩시노겐은 위속에서 염산에 의해 펩신으로 활성화된다. 그리고 위샘이나 위벽을 구성하는 세포에는 단백질 성분이 포함되어 있어 단백질 분해 효소인 펩신에 의한 자체 소화를 막기 위해 비활성 상태로 분비한다. 위에서는 분절운동은 일어나지 않는다.

3 ② 세포막에 터진 적혈구는 다시 고장액에 넣어도 원형으로 회복되지 않는다.

4 ① 항원-항체 반응으로는 가용성 항원을 침전시키는 침강 반응, 표면에 부착된 항원에 의해 세균 등이 응집되도록 하는 응집 반응, 세균 독소나 바이러스를 중화시키는 중화반응이 있으며, 또 활성화된 보체가 세균에 부착되어 공격을 유발하는 보체 활성화가 있다.

5 ① ABO식 혈액형의 경우 적혈구 표면에 있는 응집원에는 A와 B의 두 종류가 있으며, ABO식 혈액형은 응집원의 종류에 따라 A형, B형, AB형, O형의 4가지로 나눈다.

6 ③ 호흡 운동의 중추는 연수에 있으며, 호흡 운동의 속도는 혈중 CO_2 농도에 따라 자율적으로 조절된다. 교감 신경은 호흡 운동을 촉진시키고 부교감 신경은 호흡 운동을 억제시킨다. 호흡 운동 속도는 의지대로도 조절할 수 있다.

7 ③ 1개의 제 1 난모세포는 이배체이며 2번의 감수분열을 겪은 후 3개의 극체와 1개의 난자를 형성한다. 따라서 1000개의 제1난모세포에서는 3000개의 극체와 1000개의 난자가 생산될 수 있다.

8 ③ ①과 ④는 ATP의 에너지가 기계적 에너지로, ②는 ATP의 에너지가 화학에너지로 이용되는 예이다.

9 ④ 균류는 균사에 격벽이 있는지의 여부와 생식 방법에 따라 접합균류, 자낭균류, 담자균류의 세 무리로 나눈다. 균사에 격벽이 없어 다핵성인 것은 접합균류에 속하는 무리이고, 격벽이 있어 다세포성인 것은 자낭균류와 담자균류에 속하는 무리이다.

10 ③ 천이가 시작되면 맨땅에서 최초로 나타나는 개척자에 의해 환경이 변하게 되고 이어 새로운 종이 뒤따라 나타난다. 이러한 과정을 거쳐서 마지막에 안정된 상태를 이루게 되는데, 이를 극상이라고 한다. 식물 군집이 극상에 도달하면 동물 군집도 안정 상태를 유지하게 되고 생물의 다양성과 생물량도 최대이며, 먹이 그물도 천이의 중간 단계보다 훨씬 복잡하다. 그 결과 극상에서는 물질의 순환과 에너지의 흐름이 천이의 중간 단계보다 훨씬 더 빠르고 순생산 이용이 평형 상태에 도달하여 군집의 안정성도 크다. 이러한 극상 상태는 극심한 환경 변화가 올 때까지 그대로 지속된다.

11 ② HIV는 세포 표면의 특정 단백질로 된 수용체와 결합하여 세포 안으로 들어가는데, 이러한 수용체를 가지고 있는 세포는 보조 T림프구이다.

12 ② 암반응은 엽록체의 스트로마에서 일어나며, 명반응의 산물이 $NADPH_2$와 ATP를 이용하여 대기로부터 흡수한 CO_2를 환원시켜 포도당을 합성하는 과정이다. 암반응의 과정은 매우 복잡하며 여러 효소가 관여하므로 온도가 제한 요인으로 작용한다. 암반응에는 빛에너지를 필요로 하는 과정이 없으므로 빛의 유무와 상관없이 진행된다.

13 ④ $NADH_2$ 1분자로부터 3ATP가 생성되므로 $10NADH_2$로부터 총 30ATP가 만들어진다. $FADH_2$ 1분자로부터는 2ATP가 생성되므로 $2FADH_2$로부터는 총 4ATP가 만들어진다. 따라서 포도당 1분자가 유기 호흡에 의해 완전히 산화 분해되는 동안 전자 전달계에서는 총 34ATP가 만들어진다. 그리고 $10NADH_2$와 $2FADH_2$는 가지고 있던 전자를 O_2에 전해주고 총 $12H_2O$ 생성한다.

14 ② 세포 주기는 크게 간기와 분열기로 구분되며, 간기는 다시 G_1기, S기, G_2기로 구분되는데 방추사 단백질이 합성되는 등 세포 분열을 준비하는 단계는 G_2기이다.

15 ④ 코돈은 mRNA가 갖는 3개 염기의 조합으로 개시 코돈과 종결 코돈을 합쳐 총 64종이 있다. 개시 코돈은 AUG로 메티오닌을 지정하는 암호이기도 하며, 종결 코돈은 UAA, UAG, UGA 3가지가 있으며 지정하는 아미노산이 없어 단백질 합성이 종료된다. 종결 코돈을 제외한 61개의 코돈이 총 20종류의 아미노산을 지정하므로 한 가지 아미노산을 지정하는 코돈이 여러 개가 될 수 있다.

16 ③ 단백질 합성은 mRNA, tRNA, 리보솜, 아미노산, 아미노산과 tRNA의 결합에 필요한 에너지를 제공하는 ATP, 효소 등이 필요하다. 그러나 DNA 연결 효소는 DNA 복제 과정에서는 필요하지만 단백질 합성에는 불필요하다.

17 ② 난소에서 배란된 난자는 수란관 상단부에서 정자와 만나면 수정이 일어나며, 수정란은 수란관을 내려와 자궁의 내벽에 착상한다.

18 ③ 대립 유전자 A의 빈도를 p, 대립 유전자 a의 빈도를 q라고 하면, 유전자형이 헤테로(Aa)가 될 확률은 2pq 이다. 따라서 이러한 유전자형을 갖는 개체수를 구하면 2pq×전체 개체수 = 2×0.9×0.1×10000=1800마리 이다.

19 ③ 아그로박테리움은 식물병원균이다.

20 ③ 면역글로불린은 형질세포에서 합성, 분비한다.

실전 모의고사 3회

Answer

1	2	3	4	5	6	7	8	9	10	11	12	13	14	15	16	17	18	19	20
③	②	①	④	②	③	④	②	④	①	②	④	②	①	④	④	④	④	④	②

1 ③ 자신의 DNA와 RNA 및 리보솜을 갖고 있는 핵, 엽록체 및 미토콘드리아는 독자적인 증식이 가능하다.

2 ② 핵은 핵막으로 둘러싸여 있으며, 그 내부는 핵액으로 채워져 있고, 핵액에는 염색사와 인이 들어있다. 유전자의 본체인 DNA는 히스톤이라고 하는 단백질과 결합하여 염색사를 이루고 있으며, 염색사는 세포가 분열할 때는 꼬이고 응축되어 염색체를 형성한다. 그리고 인은 간기에 보이는 구조로, RNA와 단백질이 결합한 알갱이로서 막 구조가 없으며, 리보솜이 만들어지는 장소이다.

3 ① 확산과 삼투는 세포막을 통해 세포의 저장 에너지의 소모없이 물질이 이동하는 방식이다. 따라서 세포막을 통과할 수 있는 저분자의 물질의 이동 방식이며, 죽은 세포에서도 관찰된다. 확산은 고농도에서 저농도 쪽으로 물질이 이동하는 현상이며, 삼투는 반투과성 막을 통해 저농도에서 고농도 쪽으로 용매가 이동하는 것이다.

4 ④ 물질 대사는 생물체 내에서 일어나는 화학 반응으로 생체 밖의 화학 반응과 기본적으로 같지만, 효소의 촉매 작용에 의해 저온, 저압 조건에서 쉽게 일어난다. 물질 대사에는 반드시 에너지 대사가 수반되는데, 물질의 합성 과정인 동화 작용은 흡열 반응이고 물질이 분해 과정인 이화작용은 발열 반응이다.

5 ② 광합성 과정은 각종 효소에 의해 진행되므로 광합성은 온도에도 영향을 받는다. 그리고 CO_2는 광합성의 재료가 되는 물질이므로 CO_2농도는 광합성에 영향을 준다. 한편 빛은 광합성의 에너지원이므로 광합성에 영향을 미친다. 빛의 파장에 따라 식물의 잎에서 빛이 흡수되는 정도에 차이가 나므로 광합성은 빛의 파장의 영향을 받고, 빛의 세기에 따라 흡수되는 빛에너지의 양이 다르므로 광합성은 빛의 세기의 영향을 받는다.

6 ③ C_4 식물은 C_3식물에 비해 광포화점이 높고 약한 빛뿐만 아니라 강한 빛에서도 광합성이 활발히 일어난다. C_4식물은 CO_2를 체내에 저장하였다가 광합성을 할 수 있으므로, 외부 온도에 따른 기공의 개폐로 인해 받는 영향이 적어 광합성의 최적 온도가 30~40℃로 높다. C_4식물은 C_3식물과 달리 유관속 주위에 1~2층의 유관속초세포가 발달해 있고, 유관속초 세포 속에는 C_3식물과는 달리 엽록체가 많이 존재한다.

7 ④ 젖산발효와 알코올 발효는 둘 다 포도당을 호흡 기질로 하는 무기호흡이며, 해당 과정을 거쳐 포도당이 2분자의 피루브산으로 분해되면서 2ATP와 $2NADH_2$가 얻어진다는 점은 같다. 그리고 해당 과정에서 일어나는 탈수소 반응을 일어나게 하는 탈수소 효소의 조효소도 NAD로 같다. 그러나 젖산 발효에서는 피루브산이 $NADH_2$에 의해 환원되어 젖산으로 되지만, 알코올 발효에서는 에탄올과 CO_2로 된다. 즉 젖산 발효에서는 알코올 발효에서와는 달리 CO_2가 생성되지 않는다.

8 ② 동물 세포의 분열이 일어날 때는 분열기의 전기에 중심립이 분열하여 양극으로 이동하고, 말기에 핵분열이 완료되어 딸핵이 형성된 후 세포질 분열이 일어난 두 개의 세포가 된다.

9 ④ 세포주기 중 DNA량이 두 배로 증가하는 시기는 S이다. G_1에는 세포의 생장이 일어나 단백질의 합성이 활발하며, G_2기에는 세포 분열을 준비하는 시기이다. G_1, S, G_2기를 합쳐 간기라고 하고 이 때는 핵막과 인이 관찰되고 염색체는 나타나지 않는다. 그러나 분열기에 들어가면 핵막과 인이 사라지고 염색체가 관찰되며 염색체의 모습에 따라 전기, 중기, 후기, 말기로 구분한다. 말기에 핵 1개당 DNA량이 반감한다.

10 ① 벼의 꽃밥에서 생식 세포 분열이 일어날 때, 감수 제 1분열 전기에 상동 염색체 2개가 접합하여 2가 염색체를 형성하므로 관찰되는 2가 염색체의 수는 염색체 수의 반인 12개이다.

11 ② 사람의 경우 정자와 난자의 수정은 자궁이 아닌 수란관 상단부에서 일어난다.

12 ④ 우리 눈에서 빛을 감지할 수 있는 시세포로 막대세포와 원뿔세포 두 가지가 있는데 이 중 원뿔세포는 망막의 광수용기 세포를 이루는 시세포 중 하나이다. 원뿔세포는 밝은 곳에서 작용하여 빛의 강약과 색깔을 구별할 수 있게 하며, 시야가 맺히는 망막의 중앙부에 집중적으로 분포한다.

13 ② 효소는 단백질로 이루어져 있기 때문에 온도가 어느 정도 이상 올라가면 단백질 변성이 일어나기 때문에 활성을 잃는다.

14 ① ^{32}P로 표지한 박테리오파지의 DNA가 복제되어 박테리오파지의 유전 물질을 구성하는 과정에서 일부 박테리오파지의 핵산으로 작용하므로 DNA에서 발견된다.

15 ④ 30쌍의 염기는 총 60개의 염기이다. A+T+C+G=60이고, A의 염기 수를 a라고 하면 T의 수도 a가 된다. $\dfrac{A+T}{G+C}=\dfrac{2}{3}$이므로 $\dfrac{a+a}{G+C}=\dfrac{2}{3}$이므로 3(2a)=2(G+C)에서 G+C=3a로 나타낼 수 있다. 따라서 a=12개이다.

16 ④ DNA의 복제는 간기 중 S기에 일어나고, 새로운 뉴클레오티드 사슬은 DNA 중합효소에 의해 항상 5'→3'방향으로만 합성된다. 또한 원래 DNA 가닥이 각각 주형이 되어 상보적인 염기를 가진 뉴클레오티드가 결합함으로써 새로운 사슬이 하나씩 만들어지는 반보존적 복제가 일어난다.

17 ④ 옥신은 정단부 생장을 촉진하고, 곁눈 생장을 저해하는데 시토키닌은 곁눈 생장을 촉진한다. 옥신은 측근과 부정근의 형성을 촉진하는데, 이는 에틸렌을 통해 일어난다. 옥신과 지베렐린 모두 세포벽을 느슨하게 하여 세포의 신장을 촉진한다. 그러나 옥신에 의한 세포 신장은 세포벽의 산성화를 동반하는 반면, 지베렐린은 세포벽을 산성화시키지 않는다.

에틸렌과 옥신의 상대적인 농도 변화에 의해 잎의 탈리가 조절된다. 이외에도 앱시스산은 탈리층의 형성을 촉진시키며, 브라시노스테로이드는 탈리층 형성을 억제한다.

18 ④ 생태적 지위 중복이 항상 경쟁적 상호작용이 높음을 의미하는 것은 아니다. 만약 자원이 풍부하다면, 경쟁이 거의 없이 생태적 지위가 광범위하게 중복될 것이다.

19 ④ 접촉 자극에 대한 역치는 촉점 < 압점 < 통점이어서 통점이 가장 강한 자극을 수용한다.

20 ② 자궁 내벽을 두껍게 유지하고 여포의 생장을 촉진하는 FSH 분비를 억제하며, 배란을 유도하는 LH 분비를 억제하는 호르몬은 프로게스테론이다.

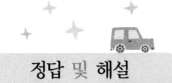

실전 모의고사 4회

Answer

1	2	3	4	5	6	7	8	9	10	11	12	13	14	15	16	17	18	19	20
③	④	②	①	④	②	②	④	④	③	①	③	①	②	③	②	③	②	②	③

1 ③ 침 분비가 촉진되는 것은 부교감 신경에 의한 작용이다. 부교감 신경의 말단에서는 아세틸콜린이 분비되며, 부교감 신경이 흥분하면 호흡 운동이 억제된다.

2 ④ 이자를 떼어내면 인슐린이 분비되지 않아 혈당량 감소가 이루어지지 않아 혈액 속의 포도당이 오줌에 섞여 나오는 것이다.

3 ② 요오드가 주성분인 호르몬은 티록신이며, 티록신은 갑상선에서 분비된다. 티록신은 물질 대사 중 이화작용의 속도를 조절하는데, 분비량이 많으면 체온 증가, 신경 과민, 안구가 튀어나오는 바제도씨병에 걸리고, 부족하면 신체적, 정신적 발달을 저해받는 크레틴병에 걸린다.

4 ① 제1정모 세포 1개에서 4개의 정자가 만들어진다.

5 ④ 돌연 변이에는 유전자에 이상이 생긴 유전자 돌연변이와 염색체에 이상이 생긴 염색체 돌연 변이가 있다. 염색체 돌연변이에는 구조의 이상과 수의 이상이 있는데, 염색체 구조의 이상은 결실, 중복, 전좌, 역위 등으로 염색체의 일부가 변화된 경우에 나타난다.

6 ② 적혈구를 저장액에 넣으면 물이 고장액인 적혈구 내부로 들어오므로 용혈 현상이 일어난다.

7 ② 효소는 특정 구조를 가진 기질의 여러 가지 반응 중에서 한 가지 반응에만 촉매로 작용한다.

8 ④ CO_2는 암반응의 칼빈 회로에 들어가서 리불로오스이인산(RuBP)과 결합하여 인글리세르산(PGA)이 된다.

9 ④ 광합성은 동화 작용이므로 CO_2와 H_2O같은 무기물에서 포도당과 산소를 만든다. 그러므로 광합성 과정은 흡열 반응이다.

10 ③ 근육에 저장할 수있는 ATP의 양은 한계가 있으므로 우리 몸은 고에너지 인산 결합을 크레아틴에 결합시켜 크레아틴인산 형태로 저장하고 있다가 격렬한 운동시 크레아틴인산이 크레아틴으로 전환되면서 고에너지 인산 결합을 방출하는데, 이것이 ADP와 결합하여 ATP를 합성한다.

11 ① 교차율이 적을수록 두 유전자의 위치가 가까운 것이므로 유전자 C는 유전자 A와 B사이에 존재한다.

12 ③ 3종류의 유전자가 독립적으로 유전된다면 8종류의 생식 세포가 만들어지지만, 유전자 A와 B는 연관되어 있으므로 생식 세포 분열 과정에서 함께 이동하게 된다. 반면 유전자 C는 독립적으로 유전되므로 감수 분열을 통해 형성되는 생식 세포의 종류는 4가지가 된다.

13 ① DNA는 반보존적으로 복제되므로 복제 후 DNA는 기존 가닥과 새로 합성된 가닥이 하나씩 어울려 이중나선을 이루게 된다. 이와 같은 방식으로 3회까지 복제되면 처음 주형으로 작용한 2개의 가닥이 새로 합성된 DNA 가닥과 이중 나선을 이루게 되므로 원래 DNA 사슬을 가진 DNA분자는 2개가 된다.

14 ② RNA를 유전 물질로 가진 바이러스가 숙주에서 증식하기 위해서는 자신의 유전 물질인 RNA를 이용해 DNA를 합성해야만 한다. 그래야만 숙주 세포 내에서 DNA를 전자, 번역시켜 증식에 필요한 물질을 합성할 수 있다. RNA에서 DNA를 합성하는 과정은 역전사 효소에 의해 이루어진다.

15 ① 상동 기관과 상사 기관은 진화의 비교 해부학적 증거에 해당한다.
② 유대류가 오스트레일리아에 서식하는 것은 지리적 격리에 의해 유대류가 태반 포유류와 별도로 진화했기 때문이다.
④ 사람은 아가미로 호흡하지 않지만, 발생 초기에 아가미 흔적이 나타나는 것은 사람과 어류가 척추동물의 공통 조상으로부터 진화했음을 나타내는 증거이다.

16 ① 개체군의 일부가 이주하는 경우 특정 대립유전자가 감소하게 되므로 유전자 풀에 변화가 생기게 된다.
③ 돌연 변이가 일어나면 새로운 대립유전자가 출현하므로 집단의 유전자 풀에 변화가 생기게 된다.
④ 집단의 크기가 크지 않을 때, 천재지변에 의해 우연히 특정 형질을 가진 개체가 많이 살아남거나 특정 형질을 가진 개체가 자연 선택되는 경우, 특정 형질에 대한 대립 유전자가 많아지므로 유전자 풀에 변화가 생긴다.

17 ③ 자연 분류는 생물 상호 간의 유연 관계, 진화 관계 등을 고려하여 생물의 계통을 밝히는 데 이용한다.

18 ② 진핵 생물이면서 다세포성에 종속 영양 생물은 균계이다.

19 ② 육상으로 올라오면서 가장 문제가 되는 것이 직접 물에 닿지 않는 부분까지 물을 이동시켜야 하는 것이다. 따라서 관다발이 발달하여야 육상 식물로 살아갈 수 있게 된다.

20 ③ 개체군은 집단 내에서 반복되는 경쟁을 피하기 위해 나름대로 질서를 유지하는데, 그 중 순위제란 동종 개체군 내에서 힘의 서열에 따라 먹이와 배우자를 얻는데 일정한 순위가 있는 것을 의미한다.

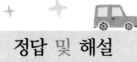
실전 모의고사 5회

Answer

1	2	3	4	5	6	7	8	9	10	11	12	13	14	15	16	17	18	19	20
④	④	②	③	②	①	④	①	②	②	③	④	③	④	③	②	④	④	①	③

1 ④ 에이즈 바이러스는 자신의 역전사 효소를 갖는다.

2 ④ ㉠ 복제 양 돌리를 만들 때 사용한 기술은 핵이식 기술이다.
ⓛ 플라스미드만 유전자를 운반하는 것이 아니라 박테리오파지와 같은 바이러스도 한 생물로부터 다른 생물로 유전자를 운반할 수 있다.

3 ② 순생산량 = 총생산량 - 호흡량이다. 기온이 높은 저지대의 무나 감자의 총생산량이 기온이 낮은 고지대보다 많지만, 호흡량은 저지대가 더 많기 때문에 상대적으로 순생산량은 서늘한 고지대가 더 많다.

4 ③ 군집을 대표할 수 있는 종을 우점종이라고 하며, 각 개체군의 상대 밀도, 상대 빈도, 상대 피도를 모두 더하여 얻은 값이 가장 큰 것을 우점종으로 결정한다.

5 ② 강장동물은 발생이 낭배 단계에서 멈추어 외배엽과 내배엽으로만 이루어진 2배엽성 동물이다. 또한, 촉수에 분포한 자세포 속의 자포를 이용해 먹이를 잡거나 자신을 보호한다.

6 ① 교배가 가능하다면 같은 속에 속하며 유연 관계가 매우 가까운 동물이다. 그러나 그 자손이 생식 능력이 없으면 같은 종이 아니다.

7 ④ 숲에 서식하는 나방은 검은색과 밝은 색의 2종류가 있었으나, 공업화로 인한 환경의 변화로 인해 검은색 나방의 수가 늘어나게 되었다. 이것은 어두운 숲에서는 밝은 색이 천적의 눈에 잘 띄어 포식되기 때문이다. 그러나 숲에서 나방의 색 변화는 환경 변화에 따른 자연 선택으로 설명할 수 있다.

8 ① 하디-바인베르크 법칙이 적용되기 위해서는 통계적으로 의미가 있을 정도로 집단의 크기가 충분히 커야 하고, 교잡이 자유롭게 일어나야 한다. 또한, 이입이나 이출이 없어야 하며, 자연 선택이나 돌연변이가 일어나지 않아야 한다.

9 ② 그리피스의 실험에서 형질 전환이 일어난 경우는 비병원성의 R형균과 병원성을 나타내지만 끓여서 죽인 S형균을 혼합하여 쥐에게 주입하였을 때이다. 이때 형질 전환을 일으킨 물질은 죽은 S형균에서 유래된 물질이며, 에이버리의 실험에 의해 DNA로 밝혀졌다.

10 ② 염기 A와 T, G와 C는 상보적으로 결합하므로 ㄱ, ㄷ과 같은 비율로 나타난다. 그러나 A+T와 G+C의 비율은 생물의 종에 따라 다르다.

11 ③ 세포 주기 중 S기에 DNA가 복제되므로 이 시기에 세포의 DNA가 2배로 증가한다.

12 ④ 무산소호흡은 유산소 호흡과 달리 산소가 없는 상태에서 진행되고, 에탄올이나 젖산 등 고에너지 상태의 중간 산물을 남기며 불완전 분해된다.

13 ③ 후형질은 원형질의 생명 활동 결과로 생성되거나 외부에서 들어온 물질이므로 세포의 생명 활동과 직접적인 관계가 없다. 후형질에는 세포벽과 액포 그리고 여러 가지 세포내 함유물이 있다.

14 ④ 헤모글로빈은 산소의 분압이 높고 이산화탄소의 분압이 낮을 때 산소와 결합한 산소 헤모글로빈의 생성이 증가한다.

15 ③ 세포호흡결과 한 분자의 포도당에서 38분자의 ATP가 생성된다.

16 ② 혈액이 공기 중에 노출되면 혈소판이 파괴되면서 트롬보키나아제가 나오는데, 트롬보키나아게는 Ca^{2+} 과 함께 프로트롬빈을 트롬빈으로 활성화시킨다. 트롬빈은 피브리노겐을 피브린으로 활성화시키고, 혈구와 피브린이 얽혀 혈병이 만들어지면 혈액이 응고된다. 혈액 응고 과정은 항원-항체 반응과 관계가 없으므로 항체는 관여하지 않는다.

17 ④ 심장 박동의 조절 중추는 연수이며, 심장 박동 속도는 자율 신경에 의해 조절되지만, 심장 박동의 자동성은 동방 결절에 의해 이루어진다. 교감 신경이 흥분하면 심장 박동 속도는 빨라지며, 방실 결절이 흥분하면 심실이 수축된다. 박동 속도는 O_2의 속도보다 혈액 중의 CO_2농도변화에 의해 조절된다.

18 ④ 필수 아미노산과 불포화 지방산은 체내에서 합성되지 않으므로 음식물을 통해 섭취해야 한다.

19 ① 유전자의 본체는 DNA이다.

20 ③ 수분량과 무기 염류량의 조절을 통해 체액의 삼투압을 일정하게 유지시켜 주는 기관은 신장이다.

Answer

1	2	3	4	5	6	7	8	9	10	11	12	13	14	15	16	17	18	19	20
③	④	②	④	④	③	④	③	②	④	①	④	③	②	①	③	②	④	③	③

1 ③ 벼의 종명인 'sativa'의 첫글자가 대문자로 표기되어 있다.

2 ④ 종이 다르다고 해서 교배를 통해 자손을 낳을 수 없는 것은 아니다. 그러나 종이 다를 경우 교배를 통해 태어난다고 해도 이들은 생식 능력이 없다.

3 ② 3계 분류 체계에서는 미역과 같은 해조류와 곰팡이나 버섯과 같은 균류가 모두 식물계에 속했으나, 5계 분류 체계에서는 미역과 같은 해조류는 원생 생물계에 속하고, 곰팡이나 버섯은 균계에 속한다.

4 ④ 공기 중에 노출된 식물의 줄기, 잎 등의 표면은 큐티클층으로 덮여 건조를 막아준다.

5 ④ 슈퍼 마우스는 쥐의 수정란에 생장 호르몬을 주입하여 만든다.

6 ③ 세균은 박테리오파지의 침입 등으로부터 자신을 보호하기 위해 외래 DNA를 절단하는 제한 효소를 갖는다. 제한 효소는 DNA의 특정 염기 서열을 인식하여 자르므로 같은 제한 효소로 잘린 DNA는 잘린 단면이 같은 점착성 말단을 갖는다. 제한 효소는 200여 종 이상이 알려져 있는데, 각 제한 효소마다 인식 부위가 다르므로 잘려진 단면이 다르다.

7 ④ 암을 유발하는 요인으로는 타르와 같은 독성 화학 물질, 방사선, 자외선, 바이러스 감염 등 여러 가지가 있다.

8 ③ 암이란 세포 분열 주기에 이상이 생겨 분열이 조절되지 않아 특정 기능을 갖는 세포로 분화되기도 전에 또 다른 세포 분열이 일어나 무한정 증식하는 것이다.

9 ② 서턴은 감수 분열 시 염색체의 행동이 멘델이 가정한 유전 인자의 행동과 일치하는 것을 관찰하고 유전자가 염색체에 있다는 염색체설을 주장하였다.

10 ④ 귓속털 과다증 유전자를 Y'이라고 하면 귓속털 과다증인 남자와 정상인 여자로부터 태어날 수 있는 자손의 유전자형은 XX, XY',XX, XY'로 아들은 틀림없이 귓속털 과다증이다. 따라서 아들이 귓속털 과다증일 확률은 100%이다.

11 ① 핵형 분석은 염색체의 수, 모양, 크기를 조사하는 것이다. 따라서 다운 증후군과 터너 증후군 및 클라인펠터 증후군과 같은 염색체 수적 이상과 5번 염색체 결실에 의한 묘성 증후군을 알아낼 수 있다. 그러나 유전자의 염기 배열에 이상이 생긴 알비노증과 같은 유전자 돌연 변이는 알아낼 수 없다.

12 ④ 동물과 식물의 개체수가 같으면 동물들이 충분한 먹이를 얻지 못해 오히려 생태계의 평형이 파괴될 가능성이 높다. 안정된 생태계에서는 생산자인 식물의 개체수가 훨씬 많다.

13 ③ 수은과 같은 중금속은 쉽게 분해되지 않고 잘 배설되지 않아 생물 농축되므로 최종 소비자인 사람에게 가장 많이 축적되어 큰 피해를 입힌다.

14 ② 플라스미드는 세균의 주 DNA와는 별도로 존재하는 고리 모양의 DNA로, 세포 내외를 드나들 수 있고 자기 복제가 가능하다. 외부 DNA를 제거하기 위해 세균이 가지고 있는 것은 제한효소이다.

15 ① 부모의 혈액형이 모두 AB이므로 유전자형은 모두 AB이다. 따라서 부모 사이에서 나올 수 있는 혈액형은 AB×AB → AA, AB, AB, BB이므로 A형일 확률은 1/4이다. 이 A형 자녀의 유전자형은 AA이고 O형인 배우자의 유전자형은 OO이므로 태어나는 자녀들은 모두 AO인 A형이다.

16 ③ DNA의 염기 결합에서 A는 항상 T와 결합하고, G는 C와 결합하므로 G가 50개이면 C도 50개이다. 따라서 G+C=100개이고 나머지 200은 A+T의 개수이므로 A=100, T=100이다.

17 ② 부영양화 과정은 먼저 유기물이 대량으로 유입되면 식물성 플랑크톤이 대량으로 증식하는 부영양화가 일어나고, 이로 인해 용존 산소량이 적어져 수중 생물들이 떼죽음을 당하는 것이다.

18 ④ 트립시노겐은 십이지장 점막에 존재하는 엔테로키나아제에 의해 트립신으로 활성화된다.

19 ③ 콜레스테롤은 대표적인 스테로이드 화합물로 세포막을 구성하기도 하고, 비타민 D, 성호르몬, 부신 피질 호르몬, 쓸개즙 등이 합성되며, 혈관에 너무 많이 쌓이면 동맥 경화증을 일으키게 된다.

20 ③ 열량과 무기질은 에너지원으로 쓰이지 못하므로 열량에서 제외해야 한다. 탄수화물, 단백질, 지방의 1g당 열량은 각각 4kcal, 4kcal, 9kcal이므로
탄수화물 4kcal × 400g = 1600 kcal
단백질 4kcal × 100g = 400 kcal
지방 9kcal × 100g = 900kcal 합 : 2900kcal

Answer

1	2	3	4	5	6	7	8	9	10	11	12	13	14	15	16	17	18	19	20
②	③	②	④	①	①	③	④	①	①	③	④	④	②	③	④	③	②	②	②

1 ② 바이러스의 무생물적 특성은 ㄱ과 ㄷ으로, 바이러스가 자신의 효소가 없다는 것은 독자적으로 물질 대사를 수행하지 못한다는 것이다. 반면 핵산과 단백질로 구성된다는 점, 증식을 한다는 점 등은 다른 생물들과의 공통점이다.

2 ③ 생체 촉매인 효소는 모두 주성분으로 단백질을 포함한다. 그러나 호르몬은 지질의 일종인 스테로이드 계통의 것도 있다. 유전자의 본체가 되는 것은 핵산의 일종인 DNA이다. 그리고 단백질은 높은 온도에서는 구조적으로 불안정하며 일단 변성되면 원래의 구조를 회복하지 못한다. 단백질은 나선이나 병풍 모양의 2차 구조를 띠는 경우도 있다.

3 ② 쓸개즙은 쓸개가 아닌 간에서 만들어진다. 간에서 만들어진 쓸개즙은 쓸개에 저장되었다가 필요할 때 십이지장으로 분비된다. 쓸개즙에는 소화 효소가 들어 있지 않지만 지방을 유화시키고 지방 분해 효소인 리파아제를 활성화시켜 리파아제에 의한 지방의 소화를 돕는다.

4 ④ 아미노산은 중심의 탄소 1개에 수소, 염기로 작용하는 아미노기, 산으로 작용하는 카르복시기, 탄소와 수소를 주 구성 원소로 하는 원자단인 곁가지가 결합된 상태이다. 즉 모든 아미노산은 아미노기와 카르복시기를 가지며 곁가지의 구조가 다양하다. 아미노산은 총 20종인데 이 중 일부 아미노산은 인체 내에서 합성이 불가능하므로 음식으로부터 섭취해야 한다.

5 ① 혈액의 약 55%를 차지하는 혈장은 각종 영양소와 호르몬, 기체 및 노폐물을 녹여 운반하며, 혈액 응고나 항원-항체 반응으로 병원체의 감염에 대하여 몸을 보호하고, 혈당량, 삼투압, pH, 체온 등을 일정하게 유지시키는 데 중요한 기능을 한다. 한편 적혈구는 혈장이 아니라 골수에서 생성된다.

6 ① 수혈 시 문제가 되는 것을 수혈하는 사람의 혈액의 적혈구 표면에 있는 응집원이 수혈받는 사람의 혈장 내 응집소와 만나 응집 반응을 일으키는지의 여부이다. 만약 응집 반응이 일어나면 응집된 적혈구의 덩어리가 모세 혈관을 막아 사망할 수도 있으므로 수혈해서는 안된다. 따라서 A형인 사람의 혈액을 B형

인 사람에게 수혈할 수 없는 이유는 A형 혈액의 적혈구 표면에 있는 응집원 A가 B형 혈액의 혈장 내에 있는 응집소 α 와 만나 응집 반응을 일으키기 때문이다.

7 ③ 동맥은 심실의 강한 수축에 의해 심장에서 나오는 혈액이 흐르는 혈관이므로 혈액의 높은 압력에 견딜 수 있도록 혈관벽이 두껍고 탄성력이 크다. 정맥은 그 속을 흐르는 혈액의 압력이 (−)값이기 때문에 곳곳에 혈액의 역류를 막기 위한 판막이 있다. 그리고 심실에서 나온 혈액이 동맥, 모세혈관을 거쳐 정맥으로 갈수록 혈압은 점차 낮아지기 때문에 모세혈관에서의 혈압은 동맥과 정맥의 중간값이다.

8 ④ Na^+의 재흡수는 부신 피질에서 분비되는 무기질 코르티코이드에 의해 조절된다. 무기질 코르티코이드는 혈압을 조절하는 역할을 한다. 혈압이 낮아지면 무기질 코르티코이드의 분비가 증가하여 세뇨관에서 Na^+와 Cl^-의 재흡수가 촉진되고, 이는 혈액의 삼투압을 증가시킨다. 그 결과 물의 재흡수도 증가하여 혈압이 높아지게 된다.

9 ① 간상 세포에서는 빛에 의해 로돕신이 분해될 때 발생하는 에너지에 의해 시신경이 흥분하여 시각이 성립한다. 밝은 곳에서는 로돕신이 분해된 상태이지만, 원추 세포에 의해 시각이 성립된다. 그러나 어두운 곳으로 가면 빛이 약해서 원추 세포가 기능을 못하며, 간상 세포에서 로돕신이 합성되는 데 시간이 걸려 처음에는 물체를 보지 못한다. 그러다가 로돕신이 합성되면 간상 세포에서 약한 빛을 수용하여 점차 물체를 볼 수 있게 된다.

10 ① 역치 이상의 자극에서 반응의 크기가 일정한 것을 실무율이라고 하며, 단일 신경섬유는 자극의 강도에 따라 최고의 흥분 또는 흥분을 하지 않는다.

11 ③ 1개의 제1정모 세포는 감수 분열을 하여 4개의 정자를 형성하므로 10개의 제1정모세포로부터 형성되는 정자의 수는 10×4=40이다. 반면에 1개의 제1난모 세포는 불균등 분열을 하여 1개의 난자와 3개의 극체를 형성하므로 10개의 제1난모 세포로부터 형성되는 난자의 수는 10×1=10개이다.

12 ④ 체세포의 염색체는 모양과 크기가 같은 상동염색체가 쌍을 이루고 있으며, 감수 분열시 이들 상동 염색체는 각각 분리되어 다른 생식 세포로 들어간다. 각 상동 염색체 쌍이 분리될 때마다 다른 유전자형을 가진 생식 세포가 형성되므로 생식 세포의 유전자 조합은 2^n으로 나타낼 수 있다. 사람은 $2n = 46$으로 23쌍의 상동 염색체가 있으므로 각 생식 세포의 유전자형이 같을 확률은 $\dfrac{1}{2^{23}}$ 이다. 그런데 이것은 정자나 난자의 형성 과정에서의 확률이고, 이들의 수정에 의해 형성되는 수정란의 유전자형이 같을 확률은 두 확률의 곱으로 나타내야 하므로 $\dfrac{1}{2^{46}}$ 이다.

13 ④ 유전 연구에 적합한 생물은 한 세대가 짧고, 자손의 수가 많아서 통계 처리할 수 있어야 하며, 대립 형질이 뚜렷해야 한다. 또한 교배가 자유롭고 사육이 쉬워야 한다. 형질이 다양하고 우열 관계가 뚜렷하지 않아 표현형 결정이 복잡하면 유전 현상을 연구하기 어렵다.

14 ② 한 가지 형질을 결정하는 대립 유전자가 3개 이상일 경우를 복대립 유전이라고 한다. 반성 유전은 남녀 공통으로 갖는 성 염색체인 X염색체에 유전자가 있을 경우 나타나는 유전 현상이고, 한성 유전은 Y염색체에 유전자가 있을 경우 나타나는 유전 현상이다.

15 ③ 탈탄산 효소는 카르복시기를 갖는 유기산으로부터 CO_2를 분리하므로 탄소 수를 감소시킨다. 그러므로 CO_2의 생성 여부로 탈탄산 효소가 작용한 곳을 알아낼 수 있다.

16 ④ DNA는 유전 정보가 기록된 유전 물질이며, 단백질과 결합한 상태로 존재한다. 단백질과 결합된 DNA가 응축된 것이 염색체이며, 생물의 종류에 따라 염색체의 수나 모양이 결정된다.

17 ③ DNA의 염기는 3개가 한 단위가 되어 단백질을 구성하는 아미노산을 지정한다.

18 ② 전사는 핵에서 일어나며, 번역은 세포질에서 일어난다.

19 ② 골격근이 수축할 때는 액틴 필라멘트가 마이오신 사이로 미끌어져 들어가기 때문에 A대의 길이는 변함 없고 I대의 길이는 감소한다.

20 ② 광합성은 명반응과 암반응 두 단계를 거치는데 그라나에서 합성된 명반응의 산물 (NADPH, ATP)이 스트로마에 공급되면 포도당을 합성하는 암반응(칼빈회로)이 일어난다.

Answer

1	2	3	4	5	6	7	8	9	10	11	12	13	14	15	16	17	18	19	20
①	③	③	④	②	③	③	②	①	①	④	④	①	③	④	②	①	④	③	③

1 ① 소장의 융털 상피 세포로는 소화 과정을 거쳐 생성된 포도당, 과당, 갈락토오스 등의 단당류와 아미노산, 지방산, 글리세롤은 물론이고 비타민과 무기 염류도 흡수된다. 그러나 젖당은 이당류로, 소장에서 락타아제에 의해 포도당과 갈락토오스로 소화된 다음 흡수된다.

2 ③ 이자액은 십이지장으로 분비되는데, 각종 소화 효소와 더불어 탄산수소나트륨이 들어있다. 쓸개즙은 간에서 만들어져서 쓸개에 저장되었다가 분비된다.

3 ③ 백혈구는 핵과 세포소기관을 가지고 있는 전형적인 세포이고, 아메바 운동을 할 수 있어 모세 혈관의 내피 세포 사이를 통과하여 혈관 밖으로 나가 고유의 기능을 수행한다.

4 ④ 채혈한 혈액을 저온에 보관하면 혈액 응고에 관계하는 트롬보키나아제, 트롬빈 등 효소의 활성이 저하되므로 혈액이 응고되지 않는다.

5 ② 심장은 대정맥과 우심방 사이에 동방 결절이라는 특수한 근육 조직이 있어 주기적으로 흥분을 일으키기 때문에 자동성이 나타난다. 이 동방 결절이 바로 박동원이다.

6 ③ 우리가 코로 들이마신 공기는 콧속의 비강을 지나 인두와 후두를 거쳐 기관으로 전해진다. 기관으로 들어온 공기는 기관지, 세기관지를 거쳐 폐포로 들어간다.

7 ③ ATP는 아데노신에 인산기가 3개 달린 유기화합물로 아데노신3인산이라고도 한다. 아데노신(adenosine)은 아데닌이라는 질소함유유기화합물에 오탄당(탄소원자가 5개인 탄수화물의 일종)리보오스가 붙어 있는 화합물이다.

8 ② 사람의 경우 단백질의 분해 과정에서 생긴 암모니아는 혈액에 의해 간으로 운반되어 오르니틴 회로에 의해 요소로 전환된다. 이렇게 생성된 요소는 다시 신장으로 운반되어 다른 노폐물들과 함께 오줌으로 배설된다.

9 ① 호르몬이 분비되는 사람의 내분비선에는 뇌하수체, 갑상선, 부갑상선, 위, 십이지장, 이자, 부신, 정소, 난소 등이 있다. 그러나 젖샘은 젖을 분비하는 외분비선이며, 호르몬을 분비하지 않는다.

10 ① 부교감 신경은 심장 박동과 맥박이 느려지게 하고, 혈압을 낮추면 혈당량을 낮추어 신체를 휴식 상태로 만든다. 부교감 신경이 억제되면 이와는 반대로 맥박이 빨라진 후 느려지지 않게 된다.

11 ④ 정자 형성과 달리 난자 형성 과정에서 제1난모세포는 크기가 다르게 분열되어 1개의 난자만이 형성된다. 이것은 수정 후 초기 발생에 필요한 양분을 난자의 세포질에 난황의 형태로 저장하기 때문인데, 크기가 같게 분열되어 4개로 나뉘어 들어가면 발생에 필요한 만큼의 양을 저장하지 못하여 발생이 진행되지 않는다.

12 ④ 체세포의 핵상은 $2n$이고, 연관군의 수는 n과 일치한다. 따라서 초파리는 $2n = 8$개의 염색체를 가지므로 연관군의 수는 $n = 4$개다.

13 ① 유전자는 염색체 위에 존재하는데 염색체의 수에 비해 유전자의 수가 훨씬 많다. 따라서 한 염색체 위에 여러 개의 유전자가 연관되어 있으며, 한 가지 형질에 대한 대립 유전자는 상동 염색체의 동일한 위치에 존재한다고 설명할 수 있다.

14 ③ 유전 형질의 차이가 유전적인 요인에 의한 것인지 환경적인 요인에 의한 것인지를 알아보고자 할 때는 일란성 쌍생아와 이란성 쌍생아를 비교하는 것이 효과적이다.

15 ④ 정상인 남자와 색맹인 여자 사이에서 태어나는 자손은 XX', XX', X'Y, X'Y로 딸은 모두 정상, 아들은 모두 색맹이다.

16 ② 핵이 여러 개인 것처럼 보이는 것은 균사에 격벽이 없는 접합균류이기 때문이다. 털곰팡이가 접합균류에 속한다.

17 ① 유전자는 유전 정보를 가지고 있는 DNA의 특정 부분을 말한다.

18 ④ 교차율이 10%이므로 자손 중에서 부모형 : 교차형의 비율은 9:1이다. 따라서 유전자형이 AaBb인 개체에서 만들어지는 생식 세포의 분리비는 다음과 같다.
AB : Ab : aB : ab = 9:1:1:9 이 개체를 열성 호모인 aabb와 검정 교배하였으므로 태어나는 자손의 유전자형이 그에 따른 비율은 다음과 같다. AaBb : Aabb : aaBb : aabb = 9:1:1:9 그러므로 유전자형이 aaBb인 개체가 나타날 확률은 $\dfrac{1}{9+1+1+9} = \dfrac{1}{20}$이다.

19 ③ TCA회로는 미토콘드리아의 기질에서 일어나며, 전자 전달계는 미토콘드리아의 내막에서 일어난다.

20 ③ 근육이 수축할 때 미오신의 길이(A대)는 변하지 않는다.

Answer

1	2	3	4	5	6	7	8	9	10	11	12	13	14	15	16	17	18	19	20
①	②	②	③	③	②	①	①	④	④	②	④	④	④	②	②	②	①	③	②

1 ① 지질 중 인지질은 세포막의 구성 성분이 되며, 스테로이드는 에스트로겐이나 프로게스테론과 같은 성 호르몬의 성분이 된다. 중성 지방은 에너지원이 되는데, 1g이 산화되면 약 9kcal의 열량을 낸다. 효소로 작용하는 것은 지질이 아닌 단백질이다.

2 ② 단백질은 수많은 아미노산들이 펩티드 결합으로 이루어진 것이며, 단백질을 구성하는 아미노산의 종류 는 20가지이다. 단백질은 몇몇 폴리펩티드로 구성되고 이 폴리펩티드를 구성하는 아미노산의 배열 순서, 즉 서열은 매우 다양하다. 이처럼 폴리펩티드에 있는 아미노산의 서열에 따라 폴리펩티드의 구조가 다양 해지고, 그에 따라 폴리펩티드로 구성되는 단백질의 구조와 기능도 달라진다.

3 ② 혈액의 응고는 상처가 났을 때 출혈을 막고 상처를 통해 세균이 몸 속으로 들어오는 것을 막기 위한 것으로 일련의 효소 작용에 의해 일어나며, 항체 형성을 통해 이루어지는 면역 반응과는 무관하다.

4 ③ 혈액은 산소와 영양소 등을 운반할 뿐만 아니라 호르몬, 노폐물들도 운반한다. 백혈구는 식균 작용을 하며, 혈장은 열을 이동시켜 체온을 유지하고 혈장이 pH를 일정하게 유지한다. 호르몬은 내분비선에서 생 성되는 것이다.

5 ③ 염분을 과다하게 섭취하면 혈관 내의 압력이 크게 증가하는 고혈압을 유발하므로 심장에 무리를 줄 수 있다.

6 ② 폐는 자체 내 근육이 없기 때문에 스스로의 근육 운동에 의한 기체 교환을 하지 못한다. 폐포의 압력 은 흉강의 부피에 의해 조절되는데, 늑골이 상승하고 횡격막이 아래로 내려가면 흉강의 부피가 커지고, 부피의 증가로 인해 압력이 내려가면 공기가 폐포로 들어오게 된다.

7 ① 말피기소체는 사구체와 보먼주머니로 이루어지며, 네프론은 말피기소체와 세뇨관으로 이루어진다.

8 ① 소장에서 포도당이 흡수될 때와 신장에서 포도당이 재흡수될 때는 농도가 낮은 쪽에서 높은 쪽으로 물질이 이동되어야 한다. 따라서 이 두 과정에서 물질이 이동될 때는 에너지가 소모된다.

9 ④ 체내에서는 과다하게 분비된 호르몬이 자신의 분비를 억제하는 음성피드백 작용이 많이 일어난다. 티록신의 농도가 높아지면 이것이 자극이 되어 시상 하부와 뇌하수체 전엽에서 갑상선 자극 호르몬의 분비를 억제하여, 갑상선에서의 티록신 분비를 감소시킨다.

10 ④ 유수 신경은 절연체인 수초에 싸여있는데 수초에 싸여있지 않고 노출된 랑비에 결절에서만 탈분극이 진행되어 도약 전도가 일어난다. 따라서 수초 전체에서 탈분극이 일어나는 무수 신경보다 자극의 전도 속도가 훨씬 빠르다.

11 ② 다운 증후군은 21번째 상염색체가 분리되지 않아 21번 상염색체가 3개인 경우이고, 터너 증후군은 성염색체의 X염색체 한 개만 있어 $2n = 44 + X$인 경우이다.

12 ④ 카드뮴은 중금속으로 체내에서 잘 분해되거나 배설되지 않아 생물체 내에서 축적되고 먹이 연쇄를 통해 이동하여 상위 영양 단계에 농축된다.

13 ④ 질소 고정 세균의 질소 고정 효소를 만들 수 있는 유전자를 절단하여 식물체에 이식하면 질소 고정 식물이 탄생될 수 있다.

14 ④ 생태계는 생물 군집과 비생물적 환경을 모두 합한 개념이다. 생태계에서 물질은 순환하지만 에너지는 순환하지 않고 한쪽 방향으로 흐른다. 또한 생물의 종류가 다양하면 다양한 먹이 연쇄가 나타나므로, 생태계 평형 유지 능력이 커지게 된다. 생태계의 에너지 근원은 태양 에너지로, 1차 소비자인 녹색 식물에 의해 화학 에너지로 전환된다.

15 ② 유전자 재조합은 유용한 유전자를 지닌 DNA를 재조합하여 다른 생물에 삽입시켜 유용한 단백질을 생산하는 생명 공학 기술이다. 먼저 유전자 재조합 과정에서는 필요로 하는 물질의 유전자가 있어야 하는데 문제에서는 인슐린을 얻고자 했으므로 인슐린 유전자가 필요하다. 그리고 이 유전자를 자르고 붙일 수 있는 제한 효소와 연결 효소가 필요하다.

16 ② 생태계의 평형은 먹이 그물이 기초가 되어 유지되므로 복잡한 먹이 그물을 형성할수록 평형이 잘 이루어진다. 먹이 그물에서 먹고 먹히는 관계가 안정될 때 생태계가 평형을 이루는데, 생태계는 평형 상태를 유지하는 자기 조절 능력이 있다.

17 ② ㉠ 유산소 호흡의 경우 해당 과정에서 생성된 $NADH_2$는 전자전달계로 운반되어 ATP를 생성한다. 그러나 젖산 발효 과정에서는 방출된 $NADH_2$가 피루브산과 결합하여 젖산을 형성하므로 탄소 수는 동일하다. ㉢ 젖산 발효에는 피루브산이 필요하므로 해당 과정이 먼저 일어난 후에 젖산 발효가 일어나야 한다.

18 ① 강수량이 적고 건조한 지역에서는 목본 식물이 자랄 수 없기 때문에 주로 초본이 발달한다. 강수량이 적은 데 바람가지 세면 토양 이동이 심하여 황원이 되기 쉽다.

19 ③ 한 분자의 $NADPH_2$로부터 3분자의 ATP가 생성되며, 한 분자의 $FADH_2$로부터 2분자의 ATP가 생성된다.

20 ② 원시 지구의 대기는 CH_4, NH_3, H_2, H_2O 등 환원성 기체들이 주성분이었고, O_2는 존재하지 않았다. 그러나 종속 영양 생물에 이어 스스로 유기물을 합성하는 광합성 생물이 등장하면서 O_2가 발생하기 시작했고, 바다에서 발생한 O_2는 대기로 올라와 대기의 O_2 성분을 크게 증가시켰다.

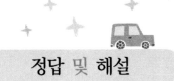

실전 모의고사 10회

Answer

1	2	3	4	5	6	7	8	9	10	11	12	13	14	15	16	17	18	19	20
①	④	③	③	①	②	④	①	④	③	②	④	④	④	②	②	③	②	①	②

1 ① 위액에는 염산과 펩시노겐, 뮤신이 포함되어 있는데, 펩시노겐은 비활성 상태로 분비된 후에 염산에 의해 펩신으로 활성된다. 염산에 의해 위는 pH2정도의 강산성 상태를 유지하고 살균작용도 한다. 펩신은 산성 상태에서 단백질을 폴리펩티드로 분해하는데 알칼리성 상태인 소장에서는 활성을 잃는다.

2 ④ 조직액의 대부분은 모세 혈관으로 되돌아가고, 일부는 림프액이 되어 림프관을 통해 이동하다가 정맥으로 합류되어 심장에 이르게 된다. 폐정맥과 좌심실, 대동맥에서는 산소가 풍부한 동맥혈이 흐른다. 체순환의 출발점으로 강하게 수축해야 하는 좌심실의 근육층이 심장에서 가장 두껍다. 동맥 경화로 혈관의 탄성력이 줄고 혈관 내벽이 좁아지면 혈액 순환이 원활하지 못하다.

3 ③ 혈장에는 물, 혈장 단백질, 무기염류, 포도당, 효소 등이 포함되어 있다. 혈액이 사구체를 지나면서 보면 주머니로 여과되는데 혈장 단백질은 여과되지 않는다. 즉, 혈장에는 단백질이 있지만 원뇨에는 단백질이 없다. 따라서 물의 비율은 단백질이 없는 원뇨에서 혈장보다 더 높게 나타난다.

4 ③ 흥분성 신경전달물질에는 아세틸콜린, 에피네프린, 도파민, 세로토닌 등이 있고, 억제성에는 글리신, GABA 등이 대표적이다.

5 ① 뇌는 발생 초기에 배아의 외배엽으로부터 형성된다.

6 ② 뇌신경은 12쌍, 척수신경은 31쌍이 존재한다.

7 ④ 감각 세포의 흥분을 일으킬 수 있는 최소 자극의 세기를 역치라 한다. 자료에서 자극의 세기가 40mV일 때 반응이 처음 나타났으므로, 이 자극의 세기가 역치이다.

8 ① 미국자리공, 솔잎혹파리, 황소개구리, 베스 등은 모두 귀화 생물로 천적이 없어 생태계에서 무한정으로 번식하여 생태계의 평형을 파괴한다.

9 ④ 자율 신경은 운동 뉴런으로만 구성되며, 교감 신경과 부교감 신경은 내장 기관과 함께 분포하여 서로 반대되는 작용을 함으로써 내장 기관의 작용을 조절한다. 자율 신경계의 중추는 간뇌이며 중뇌, 연수, 척수의 조절도 받는다.

10 ③ 인슐린은 고혈당일 때 간뇌의 시상하부로부터 부교감 신경을 통해 이자의 랑게르한스 섬 β 세포로 전달된 자극에 의해 분비가 촉진되므로 뇌하수체 전엽과 직접적인 관련이 없다.

11 ② 흔히 귀는 외이, 중이, 내이의 세 부분으로 구분된다. 그러나 모든 동물에게 갖추어져 있는 것은 내이 뿐이며, 중이는 양서류 이상에 존재하고 외이는 파충류 이상에 존재하며 특히 귓바퀴는 포유류에만 존재한다.

12 ④ 겸형 적혈구 빈혈증은 헤모글로빈을 구성하는 단백질을 결정하는 DNA 염기 배열에 이상이 생겨 나타나는 유전병이다. 염색체 일부의 결실로 인한 구조적 이상의 예로는 묘성 증후군이 있으며, 방추사 이상으로 인해 염색체 한 조가 비분리되면 배수체 돌연 변이가 생기다.

13 ④ 멘델이 유전 법칙을 알아내는 데 성공한 요인 중의 하나는 원두가 대립 형질이 뚜렷하여 유전 현상을 연구하는 재료로서 적절하였기 때문이다. 또한 멘델은 비엔나 대학에서 공부할 때 물리와 수학, 화학 교수들에게 많은 영향을 받아 정밀한 실험과 결과를 수학적 통계 개념을 적용하여 분석한 것도 주요 요인 중의 하나이다. 멘델이 가정한 우성 인자란 F_1에서 표현되는 형질을 결정하는 유전자이고, 열성 인자란 F_1에서 표현되지 않는 형질을 결정하는 유전자이다.

14 ④ 여러 생명 활동에 에너지원으로 직접 이용되는 것은 ATP로 세포 호흡에 의해 생성된다. 세포 호흡 동안 포도당 1분자가 산화 분해되면 총 38분자의 ATP가 생성된다. ATP는 아데노신에 세 분자의 인산이 결합된 화합물로서 끝 부분에 결합된 두 개의 인산이 분리될 때 에너지를 내놓는다. 즉 탄소와 탄소 간의 결합이 아닌 인산과 인산 간의 결합이 끊어지면서 에너지를 내놓는다.

15 ② 식물의 여러 가지 조직 중 유조직은 주로 광합성(동화작용)이 일어나며 양분저장의 역할을 한다.

16 ② 암반응은 엽록체의 스트로마에서 일어나는 효소 반응이다. 이 과정에서 6분자의 CO_2는 6분자의 RuBP와 반응하여 12분자의 PGA를 형성한다. 12분자의 PGA는 명반응에서 생긴 12분자의 DPGA가 된다. 이러한 과정에서 CO_2 공급을 차단하면 RuBP와 CO_2가 반응하지 못하므로 RuBP의 농도는 증가할 것이고 반대로 PGA의 양은 감소할 것이다.

17 ③ 체세포 분열에서는 핵분열과 세포질 분열이 1회 일어나며, DNA가 1회 복제된 후 딸세포로 분리되므로 분열 후 모세포와 딸세포의 DNA 상대량과 염색체 수가 같다. 생식 세포에서는 DNA가 1회 복제된 후 연속해서 2회의 세포 분열이 일어나므로 4개의 딸세포가 생성되고 딸세포의 염색체 수가 모세포의 절반이 된다. 생식 세포 분열에서는 체세포 분열과 달리 제1분열 전기에 상동염색체가 접합하여 2가염색체를 형성한다.

18 ② 유전자 P와 V가 연관되어 있으므로 교차가 일어난 생식 세포의 유전자형은 Pv, pV이고 교차가 일어나지 않은 생식 세포의 유전자형은 PV, pv이다. 전체 생식 세포 중에서 교차에 의해 만들어진 생식 세포의 비율이 교차율이므로 교차율이 25%이면 다음의 관계가 성립한다.

교차율 $= \dfrac{\text{교차가 일어난 생식 세포의 수}}{\text{전체 생식 세포의 수}} \times 100 = 25$, $n = 3$이므로 이 식물로부터 만들어지는 생식 세포의 비율은 PV : Pv : pV : pv $= 3:1:1:3$이다.

19 ① 하위 분류 단계로 갈수록 서로 유연 관계가 가까우며 종의 다양성은 감소한다.

20 ② 모세혈관으로 흡수된 수용성 양분은 간문맥을 거쳐 간으로 들어가며, 여기서 양분의 일부가 글리코겐 등으로 저장되고 나머지는 혈액의 흐름을 따라 간정맥, 하대정맥, 심장을 거쳐 온몸의 조직 세포로 보내져 생명 활동에 이용되거나 저장된다.

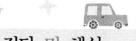

Answer

1	2	3	4	5	6	7	8	9	10	11	12	13	14	15	16	17	18	19	20
④	①	③	③	④	③	③	①	①	③	④	③	④	④	④	②	②	④	②	④

1 ④ 광합성이 일어나는 엽록체, 세포막의 겉에 있는 단단한 세포벽은 식물 세포에서만 관찰되고, 세포의 생성물이나 노폐물 등을 저장하는 액포는 식물 세포에서 특히 더 잘 관찰된다.

2 ① 리보솜에서 합성된 단백질은 소포체 안에서 이동할 수 있는 형태로 변형되어 골지체로 이동한다. 골지체로 전달된 단백질은 변형된 후 막으로 포장되어 세포 밖으로 방출된다.

3 ③ ⓒ 농도 경사에 역행하여 이온을 이동시키는 능동 수송이다.

4 ③ 기질과 결합하는 효소의 부위가 활성 부위이므로 효소가 제대로 작용하기 위해서는 반드시 활성 부위가 필요하다.

5 ④ 광합성은 빛에너지를 이용하므로 빛의 세기와 빛의 파장의 영향을 받는다. 또 광합성이 원료인 CO_2의 농도에 영향을 받으며 효소가 관여하므로 온도에도 영향을 받는다.

6 ③ $NADH_2$는 해당과정에서 2분자, TCA 회로를 돌면서 8분자가 생성되어 총 10분자가 생성되며, $FADH_2$는 TCA회로에서 2분자가 생성된다.

7 ③ 수정란 초기 분열 과정에서는 세포의 생장이 이루어지는 G_1기, G_2기 없어 S기와 분열기만 진행되기 때문에 세포 분열이 진행됨에 따라 DNA량은 일정하게 유지되지만 세포질량은 감소하게 된다. 따라서 수정란과 32세포기의 한 세포가 갖는 유전 물질의 양은 동일하지만, 세포 분열이 일어남에 따라 세포의 크기는 점차 작아진다.

8 ① 살아있는 S형균은 피막으로 싸여있어 체내의 방어 체계에 의해 잘 제거되지 않기 때문에 병원성이 나타난다. 반면, R형균은 피막이 없어 병원성을 나타내지 않지만, 열처리한 S형균을 R형균과 함께 주사하면 R형균이 S형균으로 형질 전환되므로 병원성이 나타난다.

9 ① 유전 정보는 DNA에 저장되어 있으며, mRNA를 거쳐 단백질로 전달된다.

10 ③ 원시 지구에는 화산 폭발이나 번개, 방사선 등의 에너지에 의해 유기물이 합성되어 원시 해양에 축적되어 있던 상태였다. 따라서 최초의 생명체는 이러한 유기물을 분해하여 생명 활동을 수행하였을 것이다.

11 ④ 전에는 볼 수 없었던 다리가 짧은 양이 목장에 나타난 것은 돌연 변이에 의한 것이다. 또한 다리가 짧은 양이 처음에는 소수였지만 교배를 통해 그 수가 늘어난 것은 인위 선택에 의한 것이다.

12 ③ A무리는 원핵 생물이고, B무리는 원생 생물 중 원생동물류에 속한다. 원핵 생물은 핵막이 없는 원핵 세포로 이루어져 있으며, 원생동물은 진핵 세포 단계의 생물이다.

13 ④ 먹이 연쇄가 원만하게 이루어져야 특정한 개체군의 급격한 증가를 막고 생태계의 평형을 유지할 수 있다.

14 ④ 핵이식은 모체와 유전자가 동일한 복제 생물이 형성되는 기술이지만, 유전자 재조합은 모체와 다른 유전자 구성을 갖는 생물이 형성되는 기술이다.

15 ④ 세포가 분열할수록 텔로미어는 점점 짧아지는데, 이때 텔로머라제가 텔로미어를 합성하지 않으면 세포는 더 이상 분열하지 못하고 사멸하게 된다.

16 ② 조건반사는 대뇌피질이 중추이다.

17 ② 체내 혈당량이 높아지면 이것을 간뇌의 시상하부에서 감지하여 부교감 신경을 통해 이자의 랑게르한스섬의 β 세포에서 인슐린이 분비되게 한다.

18 ④ 원뇨에 포함된 물질은 여과된 물질인데, 원뇨에는 포함되어 있으나 오줌에 포함되지 않은 것은 모두 재흡수된 것이다. 따라서 포도당은 모두 재흡수된 것이다. 또 원뇨에 있는 물질과 오줌에 있는 물질의 양을 비교할 때 오줌에 포함된 양이 적을수록 재흡수가 많이 된 것이다. 따라서 물은 대부분이 재흡수되며, 요소도 50%정도가 재흡수된다.

19 ② 체내에 염증이 생기면 백혈구의 수가 급격히 증가한다. 백혈구는 모양이 일정하지 않으며, 세균 등을 포식하는 식균 작용을 담당한다.

20 ④ 제시된 영양소는 화학적인 소화가 완결되었거나 화학적인 소화가 필요없는 영양소이다. 따라서 이 영양소들은 다른 변화를 거치지 않고 체내에 바로 흡수될 수 있다.

Answer

1	2	3	4	5	6	7	8	9	10	11	12	13	14	15	16	17	18	19	20
②	③	③	②	④	③	③	②	③	④	③	②	①	③	④	①	②	④	③	①

1 ② 바이러스는 살아있는 생물에 기생하여 자기 복제를 하는 과정에서 물질 대사, 유전, 증식 등의 생명 현상을 보인다. 그러나 자극에 대해 몸 안의 상태를 일정하게 유지하는 항상성 유지와 같은 특성은 나타 내지 않는다.

2 ③ 탄수화물은 산화 분해되면 1g당 4kcal의 열량을 낸다.

3 ③ 소화관벽에는 단백질 성분이 포함되어 있으므로, 소화관벽을 보호하기 위해서는 고분자 상태의 단백질 과 지질을 분해하는 효소는 비활성 상태로 분비되어야 한다. 따라서 펩신과 트립신, 키모트립신은 각각 펩시노겐, 트립시노겐, 키모트립시노겐 상태로 분비된다.

4 ② 적혈구는 골수에서 생성되는데, 생성 초기에는 핵이 있지만 성숙함에 따라 핵이 없어진다.

5 ④ B림프구는 침입한 특정 항원에 노출된 후 활성화된 보조 T림프구의 도움을 받아 형질 세포로 분화되 어 항체를 생산하므로 형질 세포는 침입한 특정 항원에 대한 항체만 생산한다.

6 ③ 심장 박동의 조절 중추는 간뇌가 아닌 연수이며, 이 곳에서 교감신경과 부교감신경이 나와 박동원에 이른다. 혈중 이산화탄소 농도에 따라 교감 신경은 아드레날린을 분비하여 박동을 촉진하고, 부교감 신경 은 아세틸콜린을 분비하여 박동을 억제한다.

7 ③ 흡기에는 늑간근이 수축하여 늑골이 상승하고 횡격막이 수축하여 하강하므로 흉강의 부피는 증가한다. 그 결과 폐에 가해지던 흉강 내 압력이 감소하여 폐가 팽창하면서 폐의 부피가 증가하여 폐의 압력이 대 기압보다 낮아지면 외부 공기가 폐로 들어온다.

8 ② 땀샘에서는 신장에서와는 달리 재흡수가 일어나지 않는다.

9 ③ 달팽이관은 20~20000Hz의 음파, 전정 기관은 중력 자극, 망막은 가시광선을 수용한다.

10 ④ 대뇌의 좌우 반구로 연결된 신경은 연수와 척수에서 교차되므로 대뇌의 우반구는 좌반신을 지배한다. 척수는 뇌와 말초 신경 사이의 흥분 전달의 통로이면서 척수 반사의 중추이다. 대뇌는 피질이 신경 세포체의 모임인 회백질이고, 수질이 신경 섬유의 모임인 백질이다. 생명 활동에 직결되는 뇌간은 간뇌, 중뇌, 연수이다.

11 ③ 음성 피드백의 예로는 실내 온도가 설정한 온도보다 높아지면 냉방기가 가동되고, 실내 온도가 설정한 온도보다 낮아지면 냉방기의 가동이 중지되는 것이 있다. 또 황체에서 분비되는 프로게스테론의 분비량이 증가하면 뇌하수체에서 황체 형성 호르몬의 분비가 억제되는 것도 음성 피드백이다.

12 ② 생태계는 생산자, 소비자, 분해자의 생물 요인과 무기 환경 네 가지 요소로 구성된다.

13 ① 생식세포를 형성할 때 감수 분열이 일어나면 수정에 의해 만들어진 개체의 염색체 수가 양친과 같다. 따라서 세대를 거듭하더라도 염색체의 수가 변하지 않는다.

14 ③ 염색사는 DNA와 단백질로 이루어져 있는데, 단백질은 DNA를 뭉치게 하는 히스톤 단백질과 유전자의 활동을 조절하는 비히스톤 단백질로 나뉜다. DNA는 네 종류의 히스톤 단백질(H2a, H2b, H3, H4)이 각각 2개씩, 즉 8개의 히스톤 단백질이 모여 이루어진 작은 공 모양의 덩어리 주위를 2.5바퀴 돈다.

15 ④ DNA의 코드가 TCA이면 mRNA의 코돈은 AGU이고, 이에 대한 안티코돈은 UCA이다.

16 ① 박쥐와 새의 날개는 상동 기관이고, 나머지는 상사 기관이다. 상동 기관은 발생 기원이 같더라도 환경에 따라 기관의 형태와 기능이 바뀐 것이고, 상사 기관은 발생 기원이 다르더라도 같은 환경에 적응하여 기관의 형태와 기능이 비슷해진 것이다.

17 ② 유전자 풀의 변화는 유전자 빈도의 변화에 의해 일어난다. 그러나 개체 변이는 유전자 빈도에 영향을 미치지 않는다.

18 ④ 강장동물은 항문이 별도로 없기 때문에 입으로 들어온 먹이는 강장에서 소화되고 찌꺼기는 다시 입으로 배출된다. 편형동물의 소화관은 항문이 없는 맹관이며, 소화되고 남은 찌꺼기는 다시 입으로 배출된다.

19 ③ 인간 배아 복제를 할 때 체세포의 핵을 이식할 때는 핵치환 기술이 이용되고, 수정란을 배아로 배양할 때는 조직배양기술이 이용된다.

20 ① 명반응은 엽록체의 그라나의 틸라코이드에서 일어나며, 이것은 엽록소와 기타 보조 색소들이 흡수한 빛에너지를 화학 에너지로 전환시키는 과정이다. 명반응은 물의 광분해와 광인산화 반응의 두 가지로 나눌 수 있으며, 다음과 같은 반응에 의해 NADPH와 ATP가 생성되고 O_2가 방출된다.
- 물의 광분해 : $H_2O + NADP \rightarrow NADPH_2 + 1/2O_2$
- 광인산화 : $ADP + Pi \rightarrow ATP$

한편 CO_2를 흡수하여 이로부터 포도당을 합성하는 과정은 암반응으로 엽록체의 스트로마에서 진행된다.

Answer

1	2	3	4	5	6	7	8	9	10	11	12	13	14	15	16	17	18	19	20
③	①	①	②	④	③	③	①	①	②	②	②	④	④	①	②	②	③	③	①

1 ③ 동물의 체세포의 염색체 수는 $2n = 10$개, G_1기의 DNA 상대량이 2라면 정자의 염색체 수는 $n = 5$개이고 DNA상대량은 체세포의 절반인 1이다.

2 ① 교차율이 유전자 간의 거리에 비례한다는 것을 기초로 하여 염색체 지도를 작성한다.

3 ① 염색사는 염색체를 구성하는 실 모양의 구조물로, DNA와 단백질로 이루어져 있다. 간기에는 핵 속에 실처럼 풀어져 있던 염색사가 분열기의 전기에 응축하여 염색체가 된다.

4 ② 외부에서 주어진 유전 물질에 의해 어떤 개체의 형질이 바뀌는 현상을 형질 전환이라고 한다. 복제는 DNA가 2배로 증가하는 과정이고, 접합은 동형 배우자가 만나는 것이다.

5 ④ DNA 뉴클레오타이드는 당, 염기, 인산이 1:1:1의 비율로 결합되어 있다. 이때 염기의 종류만 다르고 당과 인산은 동일하다. 따라서 염기의 종류에 따라 뉴클레오티드이 종류가 결정되는데 염기는 A, G, C, T 4종류이다.

6 ③ 현대 종합설에서는 진화의 단위를 집단으로 본다.

7 ③ 한 사람은 한 유전 형질에 대한 유전자를 2개씩 가지므로 이 집단의 총 유전자의 수는 200개이다. T의 수는 유전자형이 TT인 사람은 2개씩, Tt인 사람은 1개씩 가지므로 $30 \times 2 + 60 = 120$개이다. 그러므로 유전자 T의 빈도는 $\frac{120}{200} = 0.6$이다.

8 ① 하디-바인베르크 평형이 유지되는 집단에서는 임의 교배가 일어난다. 그 밖에도 이주, 돌연 변이 등이 일어나지 않으므로 세대를 거듭하더라도 유전자 빈도가 일정하다. 따라서 집단이 진화하지 않는다는 것을 보여준다.

9 ① 반응 물질인 헤모글로빈의 농도가 높거나 산소 분압이 높으면, 산소 헤모글로빈을 생성하는 반응이 촉진된다. 또 폐포의 조건에 해당하는 낮은 이산화탄소 분압, 높은 pH에서는 산소 헤모글로빈을 생성시키는 반응이 촉진된다.

10 ② 무기질 코르티코이드의 분비가 증가하면, 세뇨관에서 Na^+와 Cl^-의 재흡수가 촉진된다. 이는 혈액의 삼투압을 증가시켜 물의 재흡수량이 증가한다. 물의 재흡수량이 증가하면 혈액의 양이 증가하여 혈압이 높아진다.

11 ② 베버 상수가 작을수록 처음 자극 세기에 대한 자극의 변화 비율이 작아도 그 변화를 감지하므로, 시각이 미각보다 더 민감하다고 할 수 있다.

12 ② 짠 음식을 많이 섭취하거나 운동으로 수분 손실량이 많아지면 혈액의 농도가 진해져 삼투압이 높아진다. 이때는 뇌하수체 후엽에서 항이뇨호르몬의 분비량이 증가하여 신장에서 수분의 재흡수를 촉진함으로써 오줌으로 배출되는 물의 양을 줄인다. 그 결과 오줌량은 감소하고 오줌의 농도는 진하게 된다.

13 ④ 식물 세포의 골지체를 특별히 딕티오솜이라고 한다.

14 ④ 세포 골격이 수행하는 기능은 세포를 지지하고, 세포 형태를 유지하는 기계적인 기능인데, 이는 특히 세포벽이 존재하지 않는 동물 세포에서 세포이 형태를 유지하는 데 중요하게 작용한다. 세포 골격을 이루는 세포 내 구조물은 미세 소관, 미세 필라멘트, 중간 필라멘트 등이 있는데, 이 중에서 미세 소관은 동물 세포의 중심립, 섬모, 편모 등을 구성하는 주요 성분이다.

15 ① 능동 수송이란 막 내외의 농도 경사를 거슬러서 물질이 이동하는 현상으로 이때는 반드시 운반체 단백질과 에너지가 필요하다. 이러한 세포막의 능동 수송에 의해 세포 내외의 이온 농도차가 유지된다. 막을 투과할 수 없는 고분자 물질은 외포작용이나 내포 작용에 의해 막을 통과한다.

16 ② 생체 내 반응은 효소의 작용으로 여러 단계를 거쳐 일어난다.

17 ② 그라나는 엽록체에서 녹색을 띠는 부위이며, 내막 안쪽에는 막 구조물인 틸라코이드가 차곡차곡 겹쳐진 구조물이다. 틸라코이드 막에는 광계가 있어 빛에너지를 화학 에너지로 전환시키는 명반응이 일어난다. 한편 핵과는 별도로 자신이 DNA와 리보솜이 있어 일부 단백질을 합성하는 곳을 그라나가 아닌 스트로마이다.

18 ③ 해당 과정과 TCA회로에서 생성된 $NADH_2$와 $FADH_2$가 지니고 있던 전자는 미토콘드리아 내막에 있는 전자 전달계를 거치면서 일련의 산화 환원 반응을 진행시키며, 최종적으로 수소 이온과 함께 최종 전자 수용체인 O_2와 결합하여 H_2O를 생성한다. 1분자의 $NADH_2$와 $FADH_2$에서 나온 전자가 전자 전달계를 따라 O_2로 전달되는 과정에서 산화적 인산화에 의해 각각 3ATP와 2ATP가 합성된다.

19 ③ 속명은 명사이므로 첫글자를 대분자로 표기하고 이탤릭체로 쓴다. 종명은 형용사이므로 첫글자를 소문자로 표기하고 이탤릭체로 쓴다.

20 ① 몸의 체제나 생활 방식이 수중 생활에서 육상 생활로 옮겨가는 중간 단계의 특징을 나타내는 식물은 선태식물이다. 선태 식물은 관다발이 없어 물과 무기 양분 및 유기 양분을 멀리 운반할 수 없으므로 길이 생장이 제한을 받아 지표에 거의 붙어 자란다.

실전 모의고사 14회

Answer

1	2	3	4	5	6	7	8	9	10	11	12	13	14	15	16	17	18	19	20
③	②	④	①	④	④	③	③	②	③	①	③	②	③	①	①	①	①	②	③

1 ③ 원핵 세포도 식물 세포와 같이 세포벽을 갖는다. 하지만 식물 세포는 세포벽의 주성분이 셀룰로오스이고 원핵 생물의 주성분은 펩티도글리칸이다.

2 ② 남조류는 원핵생물계의 진정 세균에 속하며 독립영양을 하는 세균이다. 남조류는 엽록소 a를 갖는데 이것은 식물과의 공통점이다.

3 ④ 막 구조를 갖지 않는 세포 소기관은 염색체, 인, 리보솜이다.

4 ① 세포막에서 막 단백질은 여러 가지 기능을 담당하고 있는데, 이들 막 단백질은 세포 내부의 물질 대사에 관여하는 효소 역할을 하기도 하고, 또 세포 외부에서 특정 화학 물질과 결합하는 수용체로서의 역할도 하며, 막을 통한 물질의 이동에 관여하는 수송 단백질로서의 역할도 한다. 항체는 막 단백질이 아닌 B림프구에서 합성되는 외부 체액으로 분비되는 단백질로 보아야 한다.

5 ④ 엽록체는 식물에서 녹색으로 보이는 모든 부위의 세포에 존재한다. 식물에서 녹색으로 보이는 부위로는 잎의 엽육 조직과 공변 세포가 있다. 엽육 조직은 책상 조직과 해면 조직으로 나눌 수 있다. 그러나 물관과 체관의 집합체인 잎맥에는 엽록체가 없다.

6 ④ 비순환적 광인산화에는 그라나의 틸라코이드 막에 있는 광계 I 과 광계 II 가 모두 관계한다. 먼저 광계 I 의 여러 색소 분자가 빛에너지를 흡수하면 P_{700}에서 고에너지의 전자가 방출되어 $2H^+$ 및 NADP와 결합하여 $NADPH_2$를 생성한다. 또한 광계 II의 여러 색소분자가 빛에너지를 흡수하면 P_{680}에서 고에너지 전자가 방출되어 전자 전달계를 거치면서 P_{700}을 전달되는데, 이 과정에서 ATP가 생성된다. 한편 전자를 방출하여 산화된 P_{680}은 물이 광분해되어 나온 전자를 받아들여 원래 상태로 환원된다. 이처럼 비순환적 광인산화는 ATP합성뿐만 아니라 광분해 및 $NADPH_2$의 합성까지도 포함한다.

7 ③ A적혈구 막 표면에는 항원으로 작용하는 응집원이 있고, 혈장에는 항체로 작용하는 응집소가 있다. ABO식 혈액형의 응집원으로는 응집원 A와 B두 종류가 있고, 응집소에는 α 와 β 두 종류가 있다. 그리고 ABO식 혈액형은 응집원의 종류에 따라 A형, B형, AB형, O형 4가지로 나눈다.

8 ③ 큰 키를 결정하는 유전자는 세쌍있으며, 키는 유전자의 수에 비례하고 환경 요인의 영향은 무시한다고 하였다. 즉, 키는 큰 키 유전자(A, B, C)를 갖는 개수에 의해 결정되는 다인자 유전이다. AaBbcc는 큰 키 유전자를 2개 가지므로, 큰 키 유전자를 2개 갖는 aaBBcc, aaBbCc와 키가 같다.

9 ② 양수 검사는 태아의 유전적 이상 여부를 알아보기 위해 양수의 일부를 채취하여 양수액의 생화학적 검사와 세포 배양을 통해 핵형을 분석한 것이다. 이때 양수에서 채취한 세포는 태아로부터 유래된 것이다. 양수 검사를 통해 태아의 유전적 결함을 모두 알 수는 없지만, 염색체의 이상에 의한 결함을 쉽게 알 수 있다. 양수 검사의 경우 세포를 배양하여 핵형 분석 결과를 얻기까지 몇 주의 시간이 필요하다.

10 ③ 유전자 지문이란 DNA를 제한 효소로 잘라 전기 영동했을 때 DNA조각의 크기에 따라 분리되어 띠 모양으로 나타난 것이다. 이러한 유전자 지문은 사람마다 다르게 나타나면 자식은 부모로부터 유전자를 물려받았기 때문에 자식의 유전자 지문으로 나타난 띠는 부모의 유전자 지문의 어느 부분에는 나타난다.

11 ① 세포 주기 중 오래 걸리는 시기의 세포가 발견될 확률이 높다. 따라서 간기에 걸리는 기간이 가장 길고, 중기에 걸리는 시간이 가장 짧다. 분열기는 전기, 중기, 후기, 말기를 합한 것이다. 따라서 모두 20개의 세포가 발견되었으므로 분열기와 간기의 세포 수의 비율은 20:180=1:9임을 알 수 있다. 염색체는 분열기에 관찰되므로 15개보다 많은 수가 관찰된다.

12 ③ RNA로부터 DNA를 합성하는 과정을 역전사라고 하며, 이 과정을 촉매하는 효소를 역전사 효소라고 한다.

13 ② 인트론은 RNA로 전사는 일어나지만, 아미노산을 지정하지 못하므로 단백질을 암호화하고 있지 않은 부분이다.

14 ③ 에드워드 증후군은 18번 염색체의 비분리현상으로 인해 발생한다.

15 ① Na^+이 막 바깥에서 안으로 K^+가 막안에서 밖으로 확산

16 ① 홍수나 지진과 같은 천재 지변 등으로 집단의 크기가 크게 줄었을 때 나타나는 유전적 부동 효과를 병목 효과라고 한다.

17 ① 혈장은 각종 영양소와 호르몬, 노폐물 및 기체 등을 녹여 운반하고, 혈액 응고나 항원-항체 반응으로 병원체의 감염으로부터 몸을 방어하며, 체온, 삼투압, 혈당량 및 pH 등을 일정하게 유지시키는 데 중요하다. 항체를 형성하는 것은 혈장이 아닌 B림프구이다.

18 ① 냄새는 후각기인 코의 후각 상피에서 감각하는데, 후각의 경우에는 역치가 매우 낮아 가장 민감하기는 하지만 쉽게 피로해지는 특성이 있다.

19 ② 혈액의 성분 중 단백질, 지방과 같은 고분자성 물질은 여과되지 않지만, 이를 제외한 포도당, 아미노산, 비타민, 무기 염류 등의 저분자성 영양소와 요소, 요산과 같은 저분자성의 노폐물들은 모두 여과된다.

20 ③ 백혈구의 일종인 림프구는 골수에서 생성된 후 골수에서 성숙하는 B림프구와 흉선에서 성숙하는 T림프구가 있다. 항원을 인지하여 형질 세포가 되는 것은 B림프구이다. B림프구와 T림프구를 포함한 면역 관련 세포들은 골수의 줄기 세포로부터 생성된다. 항체를 생산하여 면역 작용을 담당하는 것은 대식 세포가 아닌 B림프구이다.

Answer

1	2	3	4	5	6	7	8	9	10	11	12	13	14	15	16	17	18	19	20
③	③	①	④	③	③	②	②	②	④	④	③	②	④	③	③	①	④	④	④

1 ③ 체세포 분열 결과 형성된 딸세포의 염색체 수와 DNA량은 모세포와 같지만, 생식 세포 분열 결과 형성된 딸세포의 염색체 수와 DNA량은 모세포의 $\frac{1}{2}$이다.

2 ③ AaBb×aabb → A_B_ : A_bb : aaB_ : aabb=7:1:1:7이다. AaBb인 개체를 열성 순종인 개체와 교배하였으므로 검정 교배이며, 검정 교배 결과는 AaBb 개체의 생식 세포 분리비와 일치한다. 따라서 개체수가 많은 [AB]와 [ab]가 연관형이므로 유전자 A와 B는 같은 염색체에 존재하며 교차가 일어났다고 추측할 수 있다. 교차율은 $\frac{1}{1+7} \times 100 = 12.5\%$이다.

3 ① 인은 파지의 DNA에만 있고, 황은 파지의 단백질에만 있는 원소이다.

4 ④ DNA를 구성하는 뉴클레오티드는 5탄당으로 디옥시리보오스를 가지며, 산성을 띠고 (−)전하를 띠는 무기 인산을 가진다. 또한 한 분자의 염기를 갖는데, 염기의 종류가 A, T, G, C 4종류이므로 뉴클레오티드의 종류도 4가지가 된다.

5 ③ 리보솜에는 대단위체와 소단위체가 있으며, 이 둘이 결합해야 완전한 기능을 수행한다. 리보솜은 RNA와 단백질로 구성되며, tRNA와 결합하는 자리가 두 개 있어 이들이 운반해 온 아미노산 사이의 펩티드 결합이 일어나는 장소이다. tRNA와 아미노산의 결합은 세포 기질에서 일어난다.

6 ③ 현대의 진화설은 자연 선택설에 기초한다.

7 ② 새로운 대입 유전자를 만들어 내는 요인은 돌연 변이이다.

8 ② 색맹 유전자는 X염색체에 존재하며, 정상 유전자에 대해 열성이므로 정상 유전자(X)를 p, 색맹 유전자 (X')를 q라고 하자. 여자는 X염색체를 2개 가지므로 색맹이 되려면 유전자형이 X'X'이 되어야 한다. 따라서 $q^2 = \dfrac{10}{1000}$이 되며, 이것을 계산하면 $q = 0.1$이 되고 정상 유전자의 빈도 $p = 0.9$가 된다. 그런데 남자는 성염색체를 XY로 가지므로 색맹 유전자를 1개만 가지더라도 색맹이 된다. 따라서 남자가 색맹이 될 확률은 q이고, 사람 수로 구하려면 전체 남자의 수를 곱하면 된다. q×전체 남자 수 = 0.1×1000=100명 이다.

9 ② 숨을 내쉬는 경우는 폐 속의 압력이 대기압보다 클 때이며, 흉강의 압력은 부피가 감소할 때 증가한다. 이때 흉강이 좁아지므로 복강은 넓어진다.

10 ④ 호르몬은 미량으로 생리 작용을 조절하는 화학 물질로서 구성 성분에 따라 아미노산 유도체 단백질계 와 스테로이드계로 나뉜다. 내분비선에서 체액으로 직접 분비되어 혈액을 통해 운반되어 정해진 기관에만 작용한다. 호르몬은 신경보다 작용하는 데 시간이 더 걸린다.

11 ④ 간에서는 해독 작용의 일환으로 암모니아를 요소로 전환시키고, 혈장 단백질인 헤파린, 피브리노겐, 프로트롬빈 등을 합성하며, 쓸개즙을 생성한다. 그리고 소장에서 흡수된 여분의 포도당이나 근육 운동에 의해 생성된 젖산 등을 글리코겐으로 합성하여 저장한다.

12 ③ 백혈구는 핵과 세포소기관을 가지고 있는 전형적인 세포로, 아메바 운동을 통해 혈관 밖으로 나와 식균 작용을 하며, 특히 림프구는 항체를 생산하거나 세균을 파괴한다.

13 ② 항원에 노출된 후 활성화된 T림프구가 항원에 감염된 세포를 직접 파괴하는 것을 세포성 면역이라고 한다. 그리고 B림프구가 활성화된 보조 T림프구의 도움을 받아 형질 세포로 분화되어 체액으로 항체를 분비함으로써 이루어지는 면역을 체액성 면역이라고 한다. 이 때 B림프구의 일부는 기억 세포로 분화되어 남는다.

14 ④ 조면 소포체의 리보솜에서 합성되어 소포체 내강으로 들어간 단백질은 골지체로 이동하여 그대로 저장되거나, 변형된 후 막으로 포장되어 세포 밖으로 분비되거나, 세포 내의 다른 소기관으로 운반된다. 따라서 단백질이 합성되어 분비될 때까지 세포 내에서의 이동 경로는 '리보솜 → 소포체 → 골지체'이다.

15 ③ 식물 세포는 세포벽으로 둘러싸여 있고, 세포벽은 외부의 충격으로부터 세포를 보호하고 세포의 모양을 유지시켜 주며, 식물 세포가 물을 흡수하여 부풀어 터지는 것을 방지한다. 세포벽의 성분은 견고한 펙틴과 질긴 셀룰로오스 성분으로 이루어진 1차벽 및 1차벽에 여러 가지 물질이 쌓여 생기는 2차벽으로 되어있다. 또한 세포벽은 세포막과는 달리 물과 용질을 모두 통과시키는 전투과성 막이므로 물질의 출입을 조절하는 능력은 없다고 할 수 있다.

16 ③ 산화 환원 효소는 산화 환원 반응에 관여하는 모든 효소로서 카탈라아제, 탈수소효소 등이 여기에 속한다. 펩신, 아밀라아제와 같은 소화 효소는 가수 분해 효소이며, 포스포릴라아제, 아미노기 전이 효소는 전이 효소에 속한다.

17 ① 명반응은 엽록체의 그라나에서, 암반응은 스트로마에서 진행된다.

18 ④ 유기 호흡의 해당 과정은 세포질에서 일어나는데 반응식은 다음과 같다.
$C_6H_{12}O_6 + 2NAD \rightarrow 2C_3H_4O_3 + 2NADH_2$ 이 반응식에서 보듯이 해당 과정에서는 피루브산과 $NADH_2$가 생성되지만 CO_2의 이탈은 일어나지 않는다.

19 ④ ATP로부터 에너지를 공급받으면 근육이 수축이 일어난다. 이때 액틴이 미오신 사이로 미끄러져 들어가 겹친 부분이 늘어나는 것일 뿐, 액틴과 미오신의 길이는 변하지 않는다. 미오신의 길이에 해당하는 A대의 길이는 변하지 않는다. 미오신과 겹치지 않은 액틴의 부위인 I대이 길이는 줄어든다. 액틴과 겹치지 않은 미오신의 부위인 H대의 길이도 줄어든다.

20 ④ 포도당 1분자가 해당계나 발효과정에 의해 무기적으로 산화되면 각각 ATP가 생성된다. 포도당 1분자가 해당계를 거쳐 생성된 2분자의 피루브산이 활성 아세트산을 거쳐 TCA회로를 거치면 기질 수준의 인산화에 의해 2ATP가 생성된다. 포도당 1분자가 해당계와 TAC를 거치면서 생성된 $10NADH_2$와 $2FADH_2$가 전자 전달계를 거치면 총 34ATP가 생성된다.

Answer

1	2	3	4	5	6	7	8	9	10	11	12	13	14	15	16	17	18	19	20
④	①	①	②	③	③	①	④	②	③	③	③	①	③	④	②	②	①	②	④

1 ④ 겉씨식물은 씨방이 없어서 밑씨가 겉으로 드러나 있으며, 속씨식물은 밑씨가 씨방 속에 싸여있다. 겉씨식물의 꽃은 암꽃과 수꽃이 따로 피는 단성화는 꽃잎과 꽃받침이 없으며, 속씨식물의 꽃은 대부분 양성화로 꽃잎과 꽃받침이 발달해 있다. 겉씨식물의 관다발은 헛물관과 체관으로 구성되며, 속씨식물의 관다발은 물관과 체관으로 구성된다. 또한 겉씨 식물은 단수정을 하므로 핵상이 n인 배젖이 수정 전에 발달하지만, 속씨식물은 중복수정을 하므로 핵상이 3n인 배젖이 수정 후에 만들어진다.

2 ① 유전자 재조합을 할 때는 공여체 DNA와 운반체 DNA를 잘라야 한다. 공여체 DNA는 사람의 DNA이고, 운반체 DNA로는 플라스미드를 이용한다.

3 ① 범죄 현장의 타액이나 정액으로부터 범인을 식별하기 위해 유전자 지문 감식을 할 경우에는 미량의 DNA 조각을 반복적으로 복제하여 증폭시키는데, 이러한 기술을 PCR이라고 한다.

4 ② 암세포는 세포 분열과 중지의 조절이 이루어지지 않아 반영구적으로 분열하며, 특정 기능을 갖도록 분화되지 않아 미분화된 상태에서 계속 분열이 일어나므로 분열 속도가 빠르다.

5 ③ 제 2 난모세포는 감수 제1분열에 의해 형성된다. 복제 전 DNA 상대량이 10이라면 복제 후 제 1난모세포이 DNA 상대량은 20이 되고, 감수 제 1분열을 하여 형성된 제 2난모 세포의 DNA 상대량은 10이다. 감수 제1분열이 일어날 때 핵상은 $2n$에서 n으로 변하고 염색체 수도 반으로 줄어들게 되므로 23개가 된다. 제2난모 세포의 각 염색체는 2개의 염색 분체로 구성되므로 염색 분체의 수는 염색체의 수의 2배인 46개이다. 제2난모세포는 감수 제2분열을 거쳐 1개의 난세포와 1개의 제2극체를 형성한다.

6 ③ DNA에서 어떤 형질을 결정하는 유전자의 정상적인 염기 배열이 바뀌어 나타나는 이상을 유전자 돌연 변이라고 한다. 유전자 돌연 변이에 의한 질환에는 겸형 적혈구 빈혈증, 알비노증, 페닐케톤뇨증 등이 있다.

7 ① 후형질은 원형질의 생명 활동 결과 생긴 배설물이나 저장물로서 세포벽, 액포, 세포 함유물 등이 있다.

8 ④ 생체 내 화학 반응, 즉 물질 대사는 효소에 의해 촉매되므로 효소의 활성에 영향을 미칠 수 있는 기질의 농도, 효소의 농도, 온도, pH 모두 물질 대사의 속도에 영향을 미친다.

9 ② 광합성의 암반응이 진행되는 중간에 CO_2의 공급을 중단하면 CO_2의 고정 단계 과정이 일어나지 않아 CO_2를 고정하는 데 쓰이는 RuBP의 축적이 일어난다.

10 ③ 지방은 리파아제에 의해 지방산과 글리세롤로 가수 분해되어 호흡 기질로 쓰인다. 지방산은 지방산 산화 효소에 의해 활성 아세트산으로 되어 TCA회로로 들어가고, 글리세롤은 PGAL로 전환된 다음 해당 과정에 투입되어 피루브산을 거쳐 TCA 회로로 들어간다. 단백질은 먼저 단백질 분해 효소에 의해 아미노산으로 가수 분해된 다음 호흡 기질로 쓰인다. 아미노산이 호흡 기질로 이용될 때는 일단 아미노기가 이탈되는 탈아미노 반응을 거쳐 피루브산, 활성 아세트산 등의 유기산이 되어 TCA회로로 들어간다.

11 ③ 물질 대사 중 복잡한 물질을 간단한 물질로 분해하는 작용을 이화 작용이라고 하는데, 이화 작용의 대표적인 예로는 호흡, 소화 등이 있으며, 이화 작용이 일어나는 동안에는 에너지가 방출된다.

12 ③ 각종 화학 반응의 촉매 작용을 하는 물질은 단백질이다. 물은 물질의 용해성이 커서 용매로 작용하여 물질의 흡수와 이동을 용이하게 해준다. 또 물은 원형질 내에서 일어나는 물질 대사를 유지시키고, 비열과 기화열이 커서 체온 조절을 용이하게 해준다.

13 ① 최초의 원시 지구 대기는 환원성 대기였으며, 종속 영양을 하는 원시 생명체의 탄생으로 이산화탄소가 증가하고, 독립 영양 생물의 출현으로 산소가 증가하였다. 그리고 산소에 의해 산화형 기체로 바뀌는 과정에서 질소가 증가하였다.

14 ③ 심한 운동 등으로 조직에서 이산화탄소의 분압이 높아지면, 헤모글로빈의 산소 포화도가 감소한다. 따라서 더 많은 산소가 헤모글로빈으로부터 해리되어 나와 조직으로 공급된다. 이는 헤모글로빈의 산소 결합력이 감소하여 산소 헤모글로빈의 산소 해리도가 증가한 것이다.

15 ④ 근위세뇨관에서는 포도당과 아미노산은 능동 수송에 의해, Na^+와 Cl^-는 확산에 의해 재흡수 되므로 세뇨관 내에 있는 원뇨의 농도가 주변 조직액의 농도보다 낮아져 삼투 현상에 의해 물이 재흡수된다.

16 ② 기공 개폐 기작 : 공변세포의 엽록체에서 광합성→공변세포의 칼륨이온(K^+)의 투과성이 증가로 인한 칼륨 농도가 증가→공변세포의 삼투압 증가→주변세포에서 수분을 흡수→팽압이 증가→공변세포의 부피가 팽창, 기공이 열림

17 ② 중배엽은 결합조직, 뼈, 연골, 혈액, 림프관, 림프조직, 척삭, 흉막, 심막, 복막, 신장, 생식기 등으로 분화한다.

18 ① (가)에서 제자리에서 맴돌다가 멈추더라도 어지러운 것은 반고리관의 림프가 관성에 의해 계속 회전하여 감각모가 휘어지기 때문에 나타나는 현상이다. (나)에서 몸이 기울어지면 전정 기관의 이석이 중력에 의해 감각모를 누르는 압력이 달라져 몸이 기울어진 것을 감지하고 몸을 똑바로 하기 위해 양팔을 벌려 중심을 잡는 현상이다.

19 ② 대뇌는 감각, 운동의 중추이며, 사고, 연산, 추리 등 정신 활동의 중추이다. 따라서 대뇌의 전두엽이 손상될 경우 성격이 변할 수 있다.

20 ④ 인류의 진화 과정을 보면 직립 보행에 따른 안면각의 증가, 뇌 용량의 증가, 불과 언어의 사용, 석기의 발달 등의 특징이 나타났다. 또한 단순한 채집 생활에서 점차 수렵 생활, 경작 등을 통해 한 곳에 정착하게 되었다.

Answer

1	2	3	4	5	6	7	8	9	10	11	12	13	14	15	16	17	18	19	20
④	①	②	①	④	②	④	③	④	④	④	④	①	①	②	③	①	④	④	④

1 ④ 리보자임은 효소의 기능을 수행할 수 있는 RNA이다. 리보자임은 RNA 스플라이싱의 촉매 역할을 할 수 있으면서 한정된 종류의 RNA 중합반응도 수행할 수 있다. 따라서 RNA 분자는 유전자와 촉매 기능을 동시에 수행할 수 있는 가장 간단한 형태의 유전 물질이었을 것이다.

2 ① 멘델 집단은 개체의 이입과 이출이 없고, 임의 교배가 일어나며, 자연 선택이 일어나지 않고, 집단의 크기가 커야 한다. 따라서 개체 변이가 없는 집단은 멘델 집단의 조건이 아니다.

3 ② 한 사람은 한 유전 형질에 대한 유전자를 2개씩 가지므로 이 집단의 총 유전자의 수는 1000×2=2000 개이다. A의 수는 유전자형이 AA인 사람은 2개씩, Aa인 사람은 1개씩 가지므로 300×2 + 600 =1200이 다. 그러므로 유전자 A의 빈도는 0.6이고 a의 빈도는 1-0.6=0.4이다. 하디-바인베르크 법칙을 따른다고 했으므로 유전자 빈도는 변하지 않기 때문에 0.4이다.

4 ① RNA 중합효소가 DNA 프로모터에 붙으면 새로운 RNA의 전사가 시작된다. 그 후 주형 DNA를 따라 효소가 이동하면서 RNA 분자가 신장되고 RNA 중합효소가 DNA 주형 내의 특별한 염기 부분인 종결 신 호에 도달하면 RNA 전사가 종료되고, DNA로부터 떨어져 나오게 되면 이미 만들어 놓은 RNA 분자는 유 전자로부터 떨어진다.

5 ④ C 1개와 U 5개가 결합하는 경우 코돈은 CUU, UCU, UUC, UUU 4가지가 가능하다. C 2개에 U 10개가 결합되는 경우코돈은 중복되는 것을 제외하면 CCU, CUC, UCC가 만들어진다. 또한 C 3개와 U 15개가 결합 되는 경우 코돈은 중복되는 것을 제외하면 CCC가 추가로 생긴다. 따라서 모두 8가지의 코돈이 가능하다.

6 ② DNA의 두 사슬은 서로 반대 방향을 향하고 이어서 한쪽은 5', 다른 한쪽은 3'말단을 보게 된다. DNA 염기쌍 사이의 거리는 0.34nm이고, 한 주기는 3.4nm이므로 나선 한 주기에는 10쌍의 염기가 있다. DNA 의 각 사슬의 축은 당-인산-당-인산의 공유 결합에 의해 형성되며, 염기 간의 결합에 의해 두 사슬이 나 선 구조를 이루게 된다.

7 ④ 간기를 거치는 정원세포에서는 핵막과 인이 관찰된다. 정원 세포는 DNA가 복제된 후 제1정모 세포가 된다. 이것은 DNA 상대량이 2배로 되는 것으로 확인할 수 있다. 감수 제1분열이 진행되는 제1정모 세포에서 2가 염색체가 관찰되며, 연속 2회의 분열을 거쳐 형성된 정세포의 DNA량은 제1정모 세포의 1/4이다. 그러나 정세포가 정자로 되는 과정에서는 DNA량에 변화가 없다.

8 ③ 배를 자궁에 착상시키려면 정상적인 임신의 경우와 같이 프로게스테론의 농도가 높고 자궁 내벽이 두꺼운 상태여야 한다.

9 ④ A는 남녀에서 비슷하게 나타나므로 상염색체에 유전자가 있다. 부모는 A를 나타내지 않지만 자녀는 A가 나타날 수 있으므로 A는 열성 형질이다. A는 멘델의 유전 법칙을 따르므로 한 쌍의 대입 유전자에 의해 형질의 발현이 결정되므로 A를 나타내지 않는 유전자를 T, A 유전자를 t라고 할 때 A를 나타내는 여자의 유전자형은 tt, A를 나타내지 않는 남자의 유전자형은 TT 또는 Tt이다. 남녀 사이에서 태어나는 자녀가 A를 나타낼 확률은 다음과 같다. ⅰ 남자가 TT일 경우 : TT×tt→Tt이므로 자녀가 A일 확률은 0% ⅱ 남자가 Tt일 경우 : Tt×tt →Tt:tt=1:1이므로 자녀가 A를 나타낼 확률은 50%이다. 따라서 자녀가 A를 나타낼 확률은 50%이하이다.

10 ④ 클라인펠터 증후군은 성 염색체가 XXY를 가진다. 이것은 생식 세포 형성 시 성 염색체가 비분리되어 정상인보다 X염색체가 한 개 더 많아지는 것이며 불완전한 남성이다.

11 ④ 생태계는 포식과 피식의 관계로 이루어진 먹이 연쇄에 기초하여 평형이 유지되고 있다.

12 ④ 이론적으로는 기하 급수적으로 인구가 증가하리라 예상되지만 실제로는 어느 정도 이상으로 인구가 증가하기는 어렵다. 이것은 인구 증가로 인해 식량과 서식 공간이 부족해지며, 그로 인해 발생하는 환경 오염과 여러 가지 새로운 질병 때문이다.

13 ① BOD는 채수 즉시 측정한 DO값에서 밀봉하여 20℃의 암실에 5일 동안 둔 후 측정한 DO값을 빼면 된다. 따라서 이 강물의 BOD는 8-6=2이다.

14 ① DNA의 염기 배열이 5'-TCGATGGCATG-3'라면 이로부터 전사된 mRNA의 방향은 반대이고 염기 서열은 상보적이며 T대신 U이 이용되므로 3'-AGCUACCGUAUC-5'가 된다.

15 ② 45쌍의 염기는 총 90개이다. 즉, A+T+C+G=90이고 A의 염기수를 x라고 한다. $\dfrac{A+T}{G+C}=\dfrac{2}{3}$ 하고 했으므로 $\dfrac{x+x}{G+C}=\dfrac{2}{3}$, $3(2x)=2(G+C)$, $G+C=3x$로 나타낼 수 있다. $x+x+3x=90$, $5x=90$이므로 $x=18$이다. A이 18개이면, T도 18개이고, G와 C의 수는 각각 27개이다.

16 ③ AB형과 O형사이에서 B 형이 태어날 확률은 1/2이고, XY 와 X'X' 사이에서 색맹이 아닐 확률도 1/2이다. 따라서, 1/2×1/2 = 1/4

17 ① 키아스마는 감수 제1분열의 전기에 상동염색체가 서로 꼬이면서 유전자를 일부 교환되는 부분을 말한다.

18 ④ P와 V, p와 v가 연관되어 있다고 했으므로

$$
\begin{array}{ccccc}
\text{P:} & \text{PPVV} & \times & \text{ppvv} & \\
\text{F}_1: & \text{PpVv} & \times & \text{ppvv} & \\
\text{F}_2: & \text{PV} & \text{Pv} & \text{pV} & \text{pv} \\
& 1 & : 0 & : 0 & : 1
\end{array}
$$

19 ④ 유기 호흡의 TCA 회로는 미토콘드리아의 기질에서 진행되는데, 탈수소 효소의 작용으로 수소의 이탈이 일어나 $NADH_2$와 $FADH_2$가 만들어지고, 탈탄산 효소의 작용으로 CO_2의 이탈이 일어난다. 그리고 기질 수준의 인산화에 의해 ATP가 만들어진다. 포도당 1분자가 분해되는 동안 합성되는 ATP는 해당 과정과 TCA 회로에서는 각각 2분자씩, 그리고 전자 전달계에서는 34분자가 만들어진다.

20 ④ 호흡률 = 발생한 CO_2의 부피/ 소모된 O_2부피이므로 이 유기물의 호흡률은 $\dfrac{12}{15} = 0.8$이다.

1	2	3	4	5	6	7	8	9	10	11	12	13	14	15	16	17	18	19	20
②	②	③	③	③	④	③	②	④	③	②	④	④	①	④	②	①	②	②	③

1 ② 식물에서는 큐틴이라고 하는 지방산 중합체가 층상으로 분포, 큐티클을 형성하며 큐티클층은 과다한 수분의 증발을 막는 동시에 잎의 조직을 보호해 준다.

2 ② M-Cdk 복합체의 활성은 M-사이클린의 활성이 아닌 농도에 의해 조절된다. M-사이클린의 농도는 간기 동안 천천히 계속 증가하고, 유사분열 후기에 유비퀴틴화되어 분해됨으로써 그 농도가 급격히 감소한다.

3 ③ 생성되는 생식세포는 ABC, ABc, aBC, AbC, Abc, abC, aBc, abc이다. 이때 각각의 사건이 일어날 확률은 더하면 된다. AABBCC일 확률은 $\frac{1}{64}$이고 aabbcc일 확률은 $\frac{1}{64}$이므로 $\frac{1}{64}+\frac{1}{64}=\frac{1}{32}$이 된다.

4 ③ RNA primer의 대부분을 제거하는 것은 RNA 가수분해 효소이고, DNA 중합효소1은 RNA primer의 남아있는 마지막 몇 개의 염기를 분해한다.

5 ③ 세균은 하나의 RNA중합효소를 가지고 진핵세포는 3개의 RNA중합효소를 가진다. 이 중 단백질을 암호화하는 대부분의 유전자들을 전사하는 것은 RNA 중합효소Ⅱ의 역할이다. RNA 중합효소 Ⅰ과 Ⅲ은 rRNA와 tRNA의 합성에 관여한다.

6 ④ 역전사효소에 의해 RNA 게놈이 DNA로 역전사되어 'DNA world'로의 도입이 가능했다.

7 ③ 지리적 격리는 서로 다른 집단의 구성원 사이의 교배를 막을 수 있으므로 생식적 격리를 유발할 수 있다. 그러나 지리적 격리 자체가 생식적 격리를 의미하는 것은 아니다.

8 ② 혈액량은 정맥〉동맥〉모세혈관 순이다. 정맥은 총 단면적과 확장성이 커서 혈액의 저장고 역할을 하며, 안정시 모세혈관 내의 혈액량은 전 순환량의 5% 정도이다.

9 ①②③은 선천성 면역이다.

10 ③ GABA – 혈압 저하 및 이뇨 효과, 뇌의 산소공급량을 증가시킴으로 뇌 세포의 대사기능 촉진, 신경 안정, 불안감 해소

11 ② 택솔은 미세소관의 분해를 방해하여 미세소관의 신장만 일어나도록 한다.

12 ④ 아세틸 CoA는 옥살로아세트산과 결합하여 6탄소의 시트르산을 만든 후 다시 4탄소의 옥살로아세트산으로 돌아오기까지 2분자의 CO_2를 방출한다. 이때 방출되는 CO_2의 탄소는 아세틸-CoA의 탄소가 아니라, 기존의 옥살로아세트산의 탄소이다.

13 ④ 셋째 아이의 유전자형이 rr이므로 유전자 r 한 개는 아버지로부터 물려받은 것임을 알 수 있다. 따라서 아버지의 유전자형은 Rr이다.

14 ① 염색체를 구성하는 성분 중에서 DNA가 유전 물질임이 밝혀진 후 이중 나선 구조와 암호화 방법 및 해독에 대해서도 연구가 되었다. 그러나 유전자를 조작하는 어려움이 많았는데, 이것을 해결한 것이 제한 효소의 발견이다.

15 ④ 생식 세포 과정에서 일어나는 염색체의 비분리 현상은 비정상적인 염색체 수를 유발해 염색체 수 이상에 의한 돌연변이가 나타나게 한다.

16 ② 백신은 독성이 제거되었거나 약화된 항원을 말하는데, 이를 주사함으로써 체내에 항체를 생성하게 하고 그 항원을 기억시켜 질병을 예방하는 것이다. 반면 다른 동물에 항원을 주사하여 항체가 생성되게 한 다음, 이로부터 항체가 포함된 혈청을 얻은 것이 면역혈청이며 환자를 치료할 때 사용할 수 있다.

17 ① ㉠ 조직액의 대부분은 모세 혈관으로 직접 스며들고 일부가 림프계로 들어가는데, 이러한 조직액을 림프라고 한다.
㉡ 모세 림프관은 한쪽 끝이 막힌 맹관이며, 정맥처럼 판막이 있다.

18 ② DNA의 복제와 전사는 핵 속에서 일어나며, 번역은 리보솜에서 일어난다.

19 ② 대장균은 배지에 이용할 수 있는 포도당이 없고 젖당만 있을 경우 젖당 분해 효소를 합성한다.

20 ③ 포도당을 호흡 기질로 하는 젖산 발효나 알코올 발효의 경우 유기 호흡에서처럼 해당 과정은 진행되며 이후 O_2가 없어 발효가 일어날 때에는 피루브산과 같은 유기물이 최종 전자 수용체가 된다. 그 결과 젖산과 같은 중간 산물이 남는다. 한편 산화적 인산화란 유기 호흡의 전자 전달계에 의한 ATP의 생성을 말하며, 발효의 경우에는 해당 과정에서 기질 수준의 인산화에 의해 만들어지는 ATP가 생성되는 전부이다.

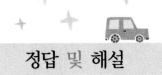
Answer

1	2	3	4	5	6	7	8	9	10	11	12	13	14	15	16	17	18	19	20
②	①	②	②	①	②	③	④	①	④	③	④	④	①	②	①	①	③	④	②

1 ② 산소가 없을 때, 발효를 통해 NAD+를 재생하며 발효는 원핵세포와 진핵세포 모두 세포질에서 일어난다.

2 ① 엽록체에서 루비스코가 O_2와 반응하여 2탄소 화합물인 2-포스포글리콜산을 합성한다.

3 ② 코헤신 단백질에 의해 염색분체가 강하게 결합되어 있는 동원체 부위는 동원체 판 복합체가 조립되어 여기에 방추사가 결합한다.

4 ② 복제를 위해 분리된 DNA 가닥은 단일가닥 DNA 결합 단백질(SSB 단백질)에 싸여 유지된다. SSB 단백질이 DNA를 코팅하지 않으면 상보적인 가닥들이 변성되거나 DNA의 짧은 단편 사이에 수소결합이 형성되어 가닥간의 헤어핀 구조를 이루어 DNA 중합효소의 활성을 방해한다.

5 ① T2파지는 세균을 감염시키는 바이러스로 T2파지와 λ 바이러스의 DNA를 혼합하여 감염기시키면, T2파지의 도움을 받아 λ 바이러스의 DNA가 숙주인 대장균 내로 들어가게 된다. λ 바이러스가 용원성 생활사에 있는 경우 λ 바이러스의 DNA가 숙주세포의 DNA로 끼어들어가게 되는데, 이처럼 숙주의 DNA에 끼어들어간 λ 바이러스의 DNA를 프로파아지라고 한다. 프로파아지로부터 λ 바이러스의 일부 유전자만 발현되는데 그 결과로 생성된 단백질들은 나머지 바이러스의 유전자 발현을 억제시키고, 바이러스 증식과 출아에 이용된다. 따라서 자손 바이러스들은 숙주에 감염된 λ 바이러스의 DNA와 단백질의 특성을 갖게 된다.

6 ② 선태류 모두 세대교번이 뚜렷하고, 배우체가 포자체보다 크며 오래 생존하여 배우체 세대가 우점하는 생활사를 갖는다.

7 ③ 여과과정은 압력차에 의해서 작은 분자들이 보먼주머니로 이동하는 과정이다. 따라서 단백질과 같은 큰 분자를 제외한 여과되는 대부분의 작은 분자들이 혈중 약 10%가 여과된다.

8 ④ 휴지전위의 세포 밖에는 Na^+의 농도가 높고, 세포 안에는 K^+의 농도가 높다. 따라서 휴지전위에서 Na^+은 농도기울기에 의해 '세포 밖→세포 안'으로 이동하고 K+은 '세포 안→세포 밖'으로 이동한다. 이후 역치 이상의 자극을 받으면 Na^+채널이 활성화되어 Na^+이 세포 안으로 유입되고, 활동 전위의 정점에서 K^+채널이 열려 K^+이 세포 밖으로 유출되기 시작한다.

9 ① 자기 방사법은 생물체에 방사성 동위원소가 포함된 화합물을 주입한 후 시간의 경과에 따라 방사성 동위 원소에서 방출되는 방사선을 추적하는 방법이다. 방사성 동위 원소인 ^3H로 표지된 구아닌은 새로이 복제되는 DNA이 구성성분이 된다. 따라서 DNA 복제가 일어나는 핵에서 다량으로 검출된다.

10 ④ 단순 확산에 의해 칼륨 이온이 이동한다면 뿌리와 비커의 용액의 농도가 같아야 하지만, 뿌리의 칼륨 농도가 높았으므로 능동 수송에 의해 칼륨 이온이 흡수된 것이다.

11 ③ 효소의 활성 부위란 기질과 결합하는 부위로서 조효소가 결합하는 자리이기도 하다. 이 부위는 특징적인 입체 구조로 되어 있어 입체 구조에 맞는 특정 기질하고만 결합할 수 있다. 그러나 기질과 구조적으로 유사한 저해제가 결합되기도 하는데, 이렇게 되면 기질이 효소와 결합할 수 없게 되어 효소의 작용이 억제된다. 활성 인자와 억제 인자는 효소의 활성 부위 이외의 자리에 결합하여 효소의 활성 부위의 구조에 영향을 미친다.

12 ④ ATP의 화학 에너지는 물질의 이동, 물질의 합성, 근수축, 발전, 발광 등 생물들의 여러 생물 활동의 직접적인 에너지원으로 쓰인다. 폐포에서의 산소와 이산화탄소의 분압차에 의한 확산을 통해 기체가 교환되며, 이 과정에서는 에너지가 소비되지 않는다.

13 ④ 돌연변이, 자연 도태 또는 자연 선택, 선택 교배, 이웃 집단으로부터의 이주 등은 유전자 빈도를 변화시켜 유전자 풀이 변하는 요인이 된다. 그러나 집단 구성원 사이의 임의 교배는 유전자 풀의 변화 요인이라고 볼 수 없다.

14 ① 원핵생물은 핵막이 없어 염색체가 세포질에 퍼져있는 원핵 세포로 구성된 단세포 생물이다. 원핵 세포는 세포의 분화가 뚜렷하지 않아 핵뿐만 아니라 미토콘드리아, 골지체, 소포체, 엽록체 등 막으로 싸인 세포 기관이 없다. 한편 다른 생물의 세포 속에서만 증식할 수 있는 것은 비세포 단계인 바이러스이다.

15 ② A무리에 속하는 벼, 잔디, 대나무, 백합은 모두 속씨식물이면서 외떡잎식물이고, A무리에 속하는 진달래, 장미, 민들레, 참나무는 모두 속씨식물이면서 쌍떡잎식물이다. 따라서 A무리와 B무리를 나누는 분류 기준은 떡잎의 수이다.

16 ① 개미와 진딧물은 경쟁 관계가 아니라 상리 공생 관계이다. 개미는 진딧물이 배설하는 단물을 받아먹고 대신 무당벌레로부터 진딧물을 보호해 준다.

17 ① 영양 단계가 높을수록 중간 영양 단계의 생물이 에너지를 소비하므로 이용할 수 있는 에너지는 적어진다.

18 ③ 단백질은 온도가 pH의 영향을 받는다. 수소 이온의 농도 지수를 나타내는 pH가 달라지면 수소 결합과 이온 결합 등의 화학적 결합이 깨지거나 새로이 생성될 수 있어 효소와 헤모글로빈이 제 기능을 하지 못한다.

19 ④ 부갑상선에서 분비되는 파라토르몬은 혈액의 칼슘 이온 농도를 증가시키는 기능을 한다. 파라토르몬은 뼈로부터 칼슘을 방출시키고, 신장과 간에서 칼슘의 흡수를 촉진하여 혈액의 칼슘 이온 농도를 높인다. 반대로 파라토르몬의 분비량이 부족할 경우 혈액 응고가 지연되고 근수축이 원활하게 이루어지지 않을 수 있다.

20 ② 병을 앓고 있는 남자와 정상인 여자 사이에서 태어난 딸은 모두 병을 앓고 있고 아들은 모두 정상이라면 딸의 형질은 아버지, 아들의 형질은 어머니에 의해 결정된 것이므로 질환 유전자는 X염색체에 있다. X염색체에 유전자가 있는 반성 유전의 경우 아버지의 우성 형질이 그대로 딸에게 물려지므로 유전 질환은 우성 형질이다.

실전 모의고사 20회

1	2	3	4	5	6	7	8	9	10	11	12	13	14	15	16	17	18	19	20
②	④	②	①	④	①	①	③	③	②	①	④	③	④	②	③	①	④	②	④

1 ② 결합조직, 연골, 뼈, 혈액 근육, 심장, 혈관 , 림프관 등은 중배엽으로부터 기원됐다.

2 ④ 골격근은 액틴과 미오신이라는 근원 섬유로 되어 있으며 미오신이 액틴을 당기면 ATP를 사용하면서 근수축이 일어난다. 이 과정에서 Ca^{2+}가 필요하다.

3 ② 눈의 원근조절은 홍채가 아닌 수정체와 모양근에 의해 일어난다.

4 ① 로돕신은 빛을 받으면 레티닌와 옵신으로 분해되고, 비타민 A는 레티날 합성에 필요한 성분이다.

5 ④ 휴지전위에서도 Na^+과 K^+이온은 계속해서 이동하면서 휴지전위를 유지한다.

6 ① 광합성은 동화작용이므로 CO_2와 H_2O같은 무기물에서 포도당과 산소를 만든다. 그러므로 광합성 과정은 흡열 반응이다.

7 ㉠ 액틴은 미오신보다 가늘다.
㉡ 근절이 짧아지는 것은 미오신이 액틴을 당겨 근육의 수축이 일어나기 때문이다.

8 ③ 유전자 A와 B가 한 염색체에 존재하므로 교차가 일어나지 않으면 생식 세포는 유전자형이 AB, ab인 두 종류만 생긴다. 그러나 교차가 일어나면 유전자형이 Ab, aB인 생식 세포도 생기므로 총 4종류의 생식 세포가 생성된다.

9 ③ 어떤 물질이 유전 물질이기 위해서는 체세포에서 그 양이 일정해야 하고, 생식 세포에서는 체세포 양의 절반이 존재해야 한다. 이것은 생식 세포 형성 과정에서 유전 물질의 양이 절반으로 감소하기 때문이다. 또한, DNA가 흡수하는 자외선 파장과 돌연 변이를 유발하는 자외선 파장이 일치한다는 것은 자외선에 의해 DNA가 손상될 경우 돌연 변이가 나타날 수 있음을 나타내는 것이므로 DNA가 유전 물질임을 암시하는 증거가 된다.

10 ② 코돈의 염기가 바뀌면 아미노산이 바뀔 수 있고, 아미노산 하나의 변화로 인해 형질이 달라질 수 있다.

11 ① 제한 효소를 사용하여 플라스미드와 사람의 유용한 DNA를 절단한 후 DNA 리가아제로 연결하여 재조합 DNA를 만든다. 이 재조합 DNA를 대장균에 주입하여 배양한다.

12 ④ 뇌하수체 후엽에서 분비되는 항이뇨 호르몬은 신장에서 수분의 재흡수를 촉진하여 체액의 삼투압을 낮추고 오줌량을 감소시킨다. 부신 피질에서 분비되는 무기질 코르티코이드는 신장의 세뇨관에서 Na^+의 재흡수를 촉진하고 K^+의 재흡수를 억제하여 체액의 삼투압을 조절한다.

13 ③ 그늘진 곳에서는 빛의 세기가 동공의 크기를 크게 해 빛을 많이 받는다. 하지만 햇빛이 비치는 밖으로 나가게 되면 빛의 양이 증가하기 때문에 동공의 크기가 줄어든다. 가까운 물체를 보면 수정체가 수축하여 두꺼워지지만 먼 거리에 있는 물체를 보면 수정체가 이완되면서 얇아진다.

14 ④ 백혈병 환자의 혈액은 정상인의 혈액에 비해 백혈구의 수는 많지만 적혈구와 혈소판의 수는 부족하다. 따라서 정상적인 조혈 기능을 갖는 골수를 이식하여 적혈구와 혈소판이 만들어지게 해 줌으로써 치료한다.

15 ② 수정란은 한 개의 세포인데 난할이 거듭될수록 할구의 수는 증가하지만 각 할구의 크기는 계속 작아진다. 반면에 배 크기는 수정란과 같다. 일반적인 체세포 분열에서는 세포 주기 중의 간기에서 생장이 이루어지지만 난할에서는 간기에 DNA 복제만 일어나고 세포질의 증가가 이루어지지 않기 때문에 분열할 때마다 할구의 크기가 작아진다. 이 때문에 수정란의 난할은 보통의 체세포보다 빠르다.

16 ③ 이 식물의 키는 두 쌍의 유전자에 의해 결정되는 다인자 유전 형질로서 식물의 키는 유전자 수에 비례한다. 순종인 큰 키 식물과 작은 키 식물의 교배에 의해 얻어진 잡종 제1대의 유전자형은 TtLl로서 큰 키 유전자를 2개 갖는다. TtLl을 자화 수분시켜 잡종 제2대를 얻었을 때 잡종 제1대와 키가 같은 식물이라면 T나 L을 2개 갖는 경우이므로 TTll, TtLl, ttLL이 나타날 확률을 더하면 $\frac{1}{16} + \frac{4}{16} + \frac{1}{16} = \frac{6}{16}$ 이다.

17 ① 홍역 백신을 주사하였다고 해서 볼거리, 풍진까지 예방되는 것은 아니다. 그 이유는 항체가 그것을 만들게 한 항원에만 작용하는 특이성을 가지고 있기 때문이다. 즉 특정 항체는 특정 항원에만 작용하는 항원-항체 반응의 특이성을 갖는다.

18 ④ 여포 안에 들어 있던 제 1난모 세포는 제2난모 세포 상태로 배란이 일어나므로, 감수 제 1분열은 여포에서 진행되고 감수 제2분열은 배란 후에 난소 밖에서 진행된다. 배란 후 여포는 황체가 된다. 제1난모 세포시기에 상동 염색체가 일시적으로 접합하여 2가 염색체를 형성하고 이들 상동 염색체가 분리되어 들어감으로써 제2난모 세포는 염색체 수가 반으로 줄어든다. 난세포와 제2극체의 염색체 수는 같다.

19 ② 세균 여과기로 걸러낸 여과액을 살아있는 담배 잎에 주사하였을 때 담배 모자이크병에 걸렸다. 따라서 담배 모자이크 바이러스는 세균보다 크기가 작고, 살아있는 세포 내에서 증식한다고 유추할 수 있다.

20 ④ ATP는 아데노신에 3분자의 인산이 결합된 화합물이며, 세포 호흡 과정에서 생성되어 여러 생명 활동에 직접 쓰이는 에너지원이다. ATP의 끝 부분에 있는 2개의 인산 결합은 각각 7.3kcal의 에너지를 함유하고 있는데, 이를 고에너지 인산 결합이라고 한다. ATP는 고에너지 인산 결합 1개를 풀고 ADP와 인산으로 되면서 에너지를 발생시킨다.

Answer

1	2	3	4	5	6	7	8	9	10	11	12	13	14	15	16	17	18	19	20
②	①	②	④	②	②	④	①	③	④	①	③	③	②	①	②	④	③	④	④

1 ㉠ 염색체는 분열기에만 관찰된다. 세포 주기의 대부분은 간기이므로 염색사가 관찰되는 세포 수가 더 많다.
㉢ 신경세포는 더 이상 분열하지 않고 G_1 기에만 머물러 있는데 이러한 상태를 G_0 기라고 한다.

2 ㉢ F2의 둥글고 황색인 완두 : 주름지고 녹색인 완두의 표현형의 비는 9:1이다.
㉣ 유전자 R과 Y는 각각 독립적으로 유전되고 있으므로 서로 다른 염색체 위에 존재한다.

3 세포 주기가 조절되지 않아서 끊임없이 분열하는 세포를 암세포라고 한다.
② 암세포는 주변 세포와 접촉하더라고 계속 분열한다.

4 ④ 모든 환경 요인은 생물에 영향을 준다.
①②③ 생태계 내에서 물질은 순환하고 에너지는 순환하지 않는다.

5 ② 일정한 생활 공간을 차지하고 다른 개체의 접근을 막는 것을 텃세라고 한다.

6 ② 염색체는 세포 분열기에만 관찰된다.

7 활짝 핀 꽃은 감수 분열이 이미 끝난 상태이다.

8 표현형이 다양하여 전체적으로 정규분포곡선을 나타내는 <u>다인자</u> 유전이며, 낫 모양 적혈구 빈혈증은 적혈구의 헤모글로빈을 생성하는 DNA에 이상이 생기는 <u>유전자</u> 돌연변이이다.

9 ③ 세포 호흡은 세포 내 미토콘드리아를 중심으로 일어난다.

10 ④ 식물의 경우도 미토콘드리아에서 생성된 에너지를 생명 활동에 이용한다.

11 ㉠ (가)는 운동 뉴런, (나)는 연합 뉴런, (다)는 감각 뉴런이다. 운동 뉴런과 감각 뉴런은 말초 신경계에 속한다.
㉡ 흥분은 감각 뉴런 → 연합 뉴런 → 운동 뉴런 순으로 전달된다.
㉢ 수상 돌기에서 축삭 돌기 쪽으로는 흥분이 전달되지 못하므로 (나)에서는 활동 전위가 발생하지 않는다.

12 ③ 음식물이 소화되는 과정은 고분자 물질이 저분자 물질로 가수 분해되는 과정이므로, 이화 작용에 해당 된다.

13 병원균이 체내로 들어오면 비만 세포로부터 히스타민이 분비되는데, 히스타민은 상처 주변의 모세 혈관을 확장시키고, 모세 혈관의 투과성을 증가시켜 상처 부위가 부어오르게 한다. 이는 상처 부위에 백혈구, 항체, 방어 물질 등이 많이 공급될 수 있도록 하기 위해서이다.

14 ㉠ A는 산소이고, B가 이산화탄소이다.
㉢ 세포 호흡으로 생성된 에너지의 40%정도만 ATP에 저장되고 60%는 열로 방출된다.

15 ① mRNA 마지막에 종결코돈이 있다고 하였으므로 종결코돈을 제외한 297개의 뉴클레오타이드가 지정하 는 아미노산은 99개이다.

16 바이러스는 핵산과 단백질로 구성되어 있는데, 숙주 세포에 기생할 때 숙주 세포의 효소 등과 같은 물질 대사 기구를 이용하여 자신의 유전 물질인 핵산의 유전자를 발현시켜 물질 대사를 함으로써 증식한다.

17 조직은 같은 기능을 담당하는 세포가 모여 이뤄진 것으로 결합 조직(힘줄, 뼈, 인대, 혈액, 지방 조직), 상피 조직, 근육 조직(골격근, 심장근, 민무늬근), 신경 조직이 있다. 하지만 심장은 여러 조직들이 모여 특정 기능을 가지게 된 기관에 해당한다.

18 ㉢ 이산화탄소는 주로 혈장에 의해 운반된다.

19 ④ 리보솜은 단백질의 합성 장소이며, 골지체는 물질의 저장과 분비에 관여한다.

20 문제 인식은 자연을 관찰하는 것으로부터 시작되므로 정확한 사실을 관찰한 후 가설을 설정한다.

Answer

1	2	3	4	5	6	7	8	9	10	11	12	13	14	15	16	17	18	19	20
①	④	③	②	②	③	③	③	④	③	④	③	①	④	④	④	①	④	①	④

1 사람의 기관계에는 신경계, 호흡계, 순환계, 내분비계 등이 있으며, 심장과 혈관은 순환계에 속하는 기관이다.

2 ①, ②, ③은 영구 조직이다. 분열 조직은 정단 분열 조직과 측생 분열 조직으로 구분한다.

3 ⓒ 중성 지방은 지방산과 글리세롤로 분해된다.

4 ② 여러 가지 가수 분해 효소를 함유하고 있는 세포 소기관은 리소좀이다.

5 핵산의 종류에는 DNA와 RNA가 있으며, 이들의 염기와 당은 서로 다르다.

6 ⓒ 엽록체에서 광합성이 일어난 후 산소를 방출한다.

7 ③ 3번이나 16번 염색체 하나를 더 가지게 되면 치명적으로 작용하여 개체가 생존하지 못하므로 21번 염색체가 하나 더 있는 다운 증후군이 더 빈번하게 나타난다.

8 ⓒ 염색사가 응축되어 염색체가 나타나는 시기는 전기이다.

9 ④ 감수 2분열 후기에 염색 분체가 분리되어 양극으로 이동한다.

10 ⓒ 세포판은 장차 세포벽이 된다.

11 ④ 형질이 복잡하면 유전의 원리와 과정을 밝혀내기 어렵고, 대립 형질이 뚜렷하지 않으면 어떤 형질이 표현된 것인지 구분하기 어렵다.

12 그림은 정상의 여성 핵형을 나타낸 것으로, 23쌍의 상동 염색체를 갖고 있다. 이 염색체 중 22쌍이 상염색체이고, 1쌍이 성염색체이다. 한편 대립 유전자는 수만 개에 이른다. 낫 모양 적혈구 빈혈증의 경우 유전자 이상에 의한 돌연변이이므로 핵형은 정상인과 같다.

13 ⓛ (가)는 감수1분열 중기, (나)는 체세포 분열 중기를 나타낸 그림이다.
ⓒ 교차는 A와 a, 혹은 B와 b 사이에서 일어난다.

14 개체군의 크기가 어느 정도가 되면 더 이상 증가하지 않는 이유는 생활 공간 부족, 노폐물 증가, 먹이 부족, 천적 증가, 질병 증가 등의 원인으로 사망률이 커지기 때문이다.

15 ④ 먹이 그물이 복잡하게 형성되어 있으면 생태계의 평형이 잘 파괴되지 않아 안정적이다.

16 산불이 난 곳은 토양에 유기물이 충분하므로 초원에서 시작되는 2차 천이가 일어난다. A는 양수림, B는 음수림이다. 또한, 천이의 마지막 단계로 복잡한 먹이그물을 형성하고 안정된 상태를 극상이라고 한다.

17 ① A와 같이 세포막 내외에 전위차가 유지되는 상태를 분극 상태라고 한다.
② 휴지 전위는 -0.07 V이다.
③ B는 탈분극 상태로 역치 이상의 자극을 받아 흥분이 일어나는 상태이다.
④ C는 재분극 과정으로 이 시기에는 K+ 통로가 열려 K+이 세포 외부로 빠져 나간다.

18 ④ A는 소뇌로서 대뇌의 운동 명령을 받아 골격근으로 전달하는 역할을 하며, 몸의 각 부분으로부터 오는 위치 정보를 받아 대뇌로 전달함으로써 몸의 균형을 유지하는 역할을 한다.

19 음식물을 짜게 먹으면 체액의 염분 농도가 증가하여 삼투압이 높아진다. 이 경우 항이뇨 호르몬 분비가 촉진되어 수분의 재흡수가 촉진되고 무기질 코르티코이드 분비가 억제되어 염분의 재흡수가 억제된다. 그 결과 오줌의 양은 감소하고 농도는 진해진다.

20 ④ 세포 호흡에 필요한 물질과 세포 호흡 결과 발생한 노폐물의 운반에 순환계가 관여한다.

Answer

1	2	3	4	5	6	7	8	9	10	11	12	13	14	15	16	17	18	19	20
②	②	③	④	②	②	④	③	③	③	①	①	②	④	④	④	④	④	②	④

1 ㈎는 광합성, ㈏, ㈐는 호흡 작용이고, 생물 A는 생산자, 생물 B와 C는 소비자, 생물 D는 분해자이다.

2 지의류가 개척자로 나타나는 1차 천이 과정이므로 화산 폭발 등에 의해 생성된 불모지에서 시작되는 천이 과정이며, 음수림의 극상이 형성되었다.

3 먹이가 되는 생산자의 개체 수는 감소하고 2차 소비자는 먹이가 많아 개체 수가 증가한다.

4 활주설에 의해 A대 길이는 수축 전과 같지만, I대는 짧아지고 H대는 없어지면서 Z막과 Z막 사이가 짧아진다.

5 ㈎는 적혈구 막에 있는 응집원, ㈏, ㈑, ㈒는 혈장 속에 있는 응집소이다. 민수는 적혈구 ㈐에 응집원이 없으므로 O형이다.

6 X는 인슐린, Y는 글루카곤으로, 서로 반대로 작용하는 길항 작용으로 혈당량을 조절한다.

7 후천성 면역은 항원이 체내로 들어온 이후에 그 특정 항원에 대항하는 방어 능력이 형성되는 면역 기능으로 특정한 항원에만 반응하므로 특이적 면역 반응이라 한다. 세포 독성 T 세포에 의한 세포성 면역과 B 세포로부터 만들어진 항체에 의한 체액성 면역이 있다.

8 병원균이 체내로 들어오면 비만 세포로부터 히스타민이 분비되는데, 히스타민은 상처 주변의 모세 혈관을 확장시키고, 모세 혈관의 투과성을 증가시켜 상처 부위가 부어오르게 한다. 이는 상처 부위에 백혈구, 항체, 방어 물질 등이 많이 공급될 수 있도록 하기 위해서이다.

9 ㉢ 조직계는 표피계, 관다발계, 기본 조직계로 나눌 수 있다.

10 추운 지방에 사는 동물은 중성 지방이 체내에 많이 있어서 몸집이 크다. 중성 지방은 탄수화물의 2배인 9kcal/g의 에너지를 낼 수 있다.

11 ①은 물에 대한 설명이다.

12 혈액은 결합 조직의 예이며, 양분의 운반을 담당한다. 소리의 감각이나 자극의 전달은 신경 조직, 근육의 운동은 근육 조직, 소화 효소의 분비는 상피 조직이 담당한다.

13 단백질은 C, H, O, N으로 구성된다. 체내 생리기능 조절은 무기염류와 비타민의 공통 특징이다.

14 A는 리소좀, B는 미토콘드리아, C는 리보솜, D는 골지체, E는 엽록체이다. 골지체는 세포내 물질의 이동과 분비를 담당한다.

15 바이러스는 살아있는 생명체 내에서만 생물의 특성(증식, 유전, 적응, 돌연 변이, 물질 대사)이 나타나므로 생물이 등장하기 전 최초의 생명체라고 볼 수 없다. 또한 자체 효소가 없어 생물체 밖에서는 스스로 물질 대사를 하지 못한다.

16 ④ DNA양 변화는 체세포 분열에서는 변화가 없으나 감수 분열에서는 반으로 줄어든다.

17 (가)는 감수분열, (나)는 체세포 분열을 나타낸 것이다.
① A의 염색체 수는 C의 2배이고 DNA양이 4배이다.
② DNA복제는 감수분열, 체세포 분열 모두 1회만 일어난다.
③ 핵분열은 감수분열에서 2회, 체세포 분열에서 1회 일어난다.

18 ⓒ 아버지와 어머니는 모두 이형접합자(Tt)이다.
ⓒ 민수는 정상이므로 표현형만으로는 우성동형접합(TT)인지 이형접합(Tt)인지 불분명하다.
㉠ 정상인 부모(Tt)로부터 미맹인 누나(tt)가 나왔으므로 미맹은 열성 형질이다.

19 (가)는 결실, (나)는 중복, (다)는 전좌를 나타낸 그림이다.
㉠ 5번 염색체의 결실은 묘성증후군을 유발한다. 페닐케톤뇨증은 유전자 돌연변이이다.
ⓒ 전좌는 상동염색체 관계가 아닌 서로 다른 염색체 간에 일어나는 것이다.

20 $Ttyy$와 $TTyy$는 콩의 색깔에 대하여 열성순종이기 때문에 황색인 자손을 만들 수 없다.

실전 모의고사 24회

Answer

1	2	3	4	5	6	7	8	9	10	11	12	13	14	15	16	17	18	19	20
③	④	④	④	④	③	④	②	④	④	③	③	②	①	④	④	①	④	②	③

1 DNA는 당(디옥시리보오스), 인산, 염기(A, G, C, T)를 기본 단위로 이중 가닥으로 형성되어 있다. RNA 는 당(리보오스), 인산, 염기(A, G, C, U)를 기본 단위로 단일 가닥으로 되어 있다.

2 A와 B는 한 염색체를 구성하는 염색 분체로 같은 유전정보를 가지고 있다. C는 동원체로 방추사가 연결 되는 부위이다. D는 염색사로 간기에 핵 속에 존재하고, DNA(G)는 히스톤 단백질(F)에 감겨 뉴클레오솜 (E)을 형성한다.

3 수정란은 하루에 2회씩 체세포 분열을 하면서 빠르게 세포의 수를 증가시킨다. 하지만 세포 분열 후 생장 기인 G₁이 거의 없이 DNA 복제 후 핵분열만 계속 일어나기 때문에 분열이 거듭될수록 세포 1개당 크기는 점점 작아지게 된다.

4 Ⅰ은 DNA량이 Ⅲ의 반으로 세포 생장기에 해당하는 G₁기, Ⅱ는 DNA가 복제되는 시기인 S기, Ⅲ은 복제 후 세포 분열이 끝나기 직전까지의 G₂기와 M기에 해당한다.

5 ⑺는 G₁기, ⑷는 S기, ⑸는 제1 감수분열 말기, ⑹는 제2 감수분열 말기이므로 ⑸는 상동 염색체의 분리 로 인해 분열 후 모세포의 절반으로 줄어들게 되고 ⑹는 염색 분체의 분리로 염색체 수의 변화가 없다.

6 ③ 식물은 질소 기체를 직접 이용할 수 없고 암모늄 이온이나 질산 이온 형태의 질소를 뿌리를 통해 흡수한다.

7 품종이 단일화가 되면 작물의 유전자가 다양하지 못해 환경 변화에 잘 적응하지 못하고 죽을 수 있으므로 현재 유용한 작물이라도 다양한 품종의 개발이 이루어져야 한다.

8 ② 생물 다양성은 각 개체들이 가지는 유전적 다양성의 의미도 가지며 유전적 다양성이 유지되어야 환경 에 대한 적응력이 증가되며, 다양한 유전자는 미래의 생명 공학 기술을 위한 자원으로도 중요하다.

9 두 종의 생태적 지위가 중복되어 경쟁에서 불리한 개체군이 소멸된다. 살아남은 종은 개체 수는 증가하지 만 환경 저항으로 S자형 생장 곡선을 나타낸다.

10 터너증후군(44+X)은 염색체 수 이상 돌연변이이고, 페닐케톤뇨증과 헌팅턴 무도병은 유전자 돌연변이이다.
④ 고양이울음증후군은 5번 염색체의 결실에 의해 발생하는 유전병이다.

11 ③ 21번 염색체의 일부가 성염색체의 일부와 바뀌었으므로 전좌이다.

12 혈우병은 반성유전이므로 혈우병을 나타내지 않는 남자는 XY의 유전자형을 갖는다. 그런데 혈우병을 나타내는 아들을 낳았으므로 여자의 유전자형은 XX'이다. 따라서 딸을 낳는다면 XX, XX'의 유전자형을 가지므로 혈우병 유전자를 가질 확률은 50%이다.

13 잡종1대에서 없던 형질이 잡종2대에서 나타나는 경우 잡종1대에서 그 형질이 숨겨졌다는 의미이다. 잡종1대에서 표현되지 않은 잠재된 형질을 열성이라고 한다.

14 검정교배를 통해 A와 C는 독립 유전되고, B와 C는 상인 연관되어 있음을 알 수 있다. 따라서 aaBbCc를 검정교배할 경우 나올 수 있는 자손의 유전자형은 aaBbCc, aabbcc의 두 종류뿐이다.

15 ④ 동일한 형질을 결정하며 상동 염색체의 같은 위치에 존재하는 유전자를 대립유전자라고 한다. 염색분체는 유전적 구성이 동일하다.

16 ④ 세포 주기 중 DNA 복제가 일어나는 시기는 S기이다.

17 색맹유전자는 X염색체 위에 존재한다.
㉠ 정상 부모로부터 색맹 자손이 태어났으므로 색맹은 열성형질이다.
㉡ 철수의 삼촌이 색맹유전자를 외할머니에게 받았으므로 외할머니는 보인자이다. 외할아버지는 O형인데 삼촌이 B형, 이모가 A형이므로 A와 B는 모두 할머니로부터 왔다. 즉 할머니는 AB형이다.
㉢ 영희가 색맹이므로 영희 어머니는 보인자이다. 영희의 오빠가 B형이므로 영희 어머니는 O인자를 가져야하므로 혈액형의 유전형은 이형접합(AO)이다.

18 ㉠ 항원의 침입 후 항체가 생성되기까지 일주일 정도의 시간이 소요된다. 대식 세포의 식균 작용으로 분해된 항원 조각이 항원 제시 과정을 통해 보조 T림프구를 활성화하고, 보조 T림프구의 도움으로 활성화된 B림프구가 형질 세포로 분화되어 항체를 생성한다. B림프구의 일부는 기억 세포로 분화하여 같은 항원이 재침입했을 때 바로 형질 세포로 전환되어 다량의 항체를 신속하게 생성한다.

19 a는 미토콘드리아, b는 중심립, c는 액포, d는 엽록체이다.
① 미토콘드리아는 동·식물세포에 모두 존재하며 세포활동에 필요한 에너지를 생산한다.
② 중심립은 세포분열에서 중요한 역할을 하는 기관으로 작은 봉으로 이루어졌으며, 세포마다 보통 2개씩 들어 있다. 세포분열 시 방추사를 형성하여 기저체의 기원이 된다.
③ 액포는 세포가 분비하는 물과 노폐물 등을 저장하는 공간이다.
④ 엽록체는 태양에너지를 흡수하여 식물의 양분인 포도당을 만들어낸다.

20 ③ 물은 비열이 커서 같은 양일 때 1℃ 올리는데 필요한 열량이 에탄올보다 크다. 그렇기 때문에 온도 변화가 잘 일어나지 않고 또한 기화열이 커서 더운 여름 흘린 땀이 증발할 때 체온을 낮추는 효과가 크다.

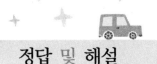

실전 모의고사 25회

Answer

1	2	3	4	5	6	7	8	9	10	11	12	13	14	15	16	17	18	19	20
④	②	①	②	④	④	④	③	①	④	④	②	③	④	①	③	②	③	③	②

1 바이러스는 ④ 숙주 밖에서는 단백질 결정체에 불과하고, 비세포 단계라는 비생물적 특성과 핵산을 가지며 숙주 내에서 증식과 유전, 돌연변이 등이 일어난다는 생물적 특성을 모두 갖는다.

2 A는 에너지를 흡수하며 생성물을 합성하였으므로 동화작용이며 그 예로는 광합성이 있다. B는 생성물이 생성되면서 에너지가 방출되는 이화작용으로 그 예는 호흡과 연소가 있다.

3 ① 생명체를 구성하는 성분 중 가장 많은 양을 차지하고 있는 물질은 물이며 비열과 기화열이 커서 체온 유지에 중요한 역할을 한다.

4 세포벽과 엽록체는 식물세포에만 존재하는 구조물이다. 중심립은 동물세포에만 존재한다. 동물세포에도 작은 액포가 존재할 수 있으나 일반적으로 식물세포에서 액포가 크게 발달한다. 소포체와 골지체, 리소좀, 세포막은 동·식물세포가 공통적으로 가지는 세포 소기관이다.

5 결합 조직은 체내 조직이나 기관을 결합하여 주거나 연결하여 주는 기능을 한다. 상피 조직은 생물체의 표면을 덮어서 보호한다. 근육 조직은 골격과 내장의 운동을 담당한다. 신경 조직은 자극을 받아들이고 전달한다. 분열 조직은 세포 분열이 왕성하게 일어나는 조직을 말한다.

6 ㈎ DNA, ㈏ RNA. A와 C는 염기이고, B와 D는 인산과 당으로 이루어진 골격이다.
④ A와 C에 공통으로 해당되는 염기는 아데닌, 구아닌, 사이토신이다. DNA의 염기인 A에는 티민대신에 RNA의 염기인 C에서는 우라실이 존재한다.

7 A는 인지질, B는 막단백질, C는 인지질의 친수성 머리, D는 인지질의 소수성 꼬리이고, 미토콘드리아는 인지질 이중층으로 된 막이 2겹으로 되어 있다.

8 염색체는 세포분열 시 핵 속의 염색사가 응축하여 나타나는 짧은 끈이나 막대 모양의 물질로, 히스톤 단백질과 이를 감싸고 있는 유전 물질인 DNA가 염색사를 형성한다. 유전자는 DNA 상의 염기 서열로, 특정한 유전 형질을 결정하는 단백질을 형성할 수 있는 유전 정보를 갖는다.

9 핵상은 염색체의 상대적인 수만 의미하지만 핵형은 수뿐만 아니라 모양과 크기까지 나타내므로 같은 생물이라면 핵형이 같아야 한다.

10 ④ 염색체의 수는 체세포분열을 할 경우 동일하게 유지되고(2n → 2n), 감수 분열을 할 때는 반으로 줄어든다(2n → n).

11 체세포분열 중기의 세포에 있는 염색분체의 수는 기존 체세포 염색체 수의 2배에 해당되고, 감수 제2분열 중기의 세포 1개당 염색체 수는 기존 체세포 염색체 수의 $\frac{1}{2}$ 에 해당된다.

12 RrYY를 자가 교배하면 RRYY : RrYY : rrYY = 1 : 2 : 1이 나온다. 이를 표현형의 비로 나타내면 둥글고 황색 : 주름지고 황색 = 3 : 1이 된다.

13 ⓒ 물의 일부는 날숨을 통해 수증기 형태로 배출되고, 요소와 물은 땀샘과 콩팥을 통해 몸 밖으로 나간다.

14 ⓐ 폐포가 쪼그라드는 것을 방지하기 위해 흉강의 압력은 폐압보다 항상 낮다. 폐포가 오그라들지 않고 폐포압이 대기압보다 높아질 때 공기가 폐포에서 외부로 이동한다.

15 ⓑ 펩신은 단백질을 펩톤으로 분해시킨다. ⓒ 쓸개즙은 소화 효소가 아니다. 간에서 생성되어 쓸개에 저장되었다가 십이지장으로 분비되는 쓸개즙은 지방을 유화시켜 라이페이스의 작용을 돕는다.

16 광자에너지는 복사진동수에 의해 결정되며 파장이 짧은 파일수록 광자에너지가 많다. 따라서 X선 → 가시광선 → 자외선 → 라디오파 → 적외선의 순서이다.

17 갑상선에 이상이 생기면 갑상선 호르몬인 티록신이 분비되지 않으므로, 이 정보가 피드백으로 작용하여 TRH와 TSH의 분비는 촉진된다.

18 병원균이 체내로 들어오면 비만 세포로부터 히스타민이 분비되는데, 히스타민은 상처 주변의 모세 혈관을 확장시키고, 모세 혈관의 투과성을 증가시켜 상처 부위가 부어오르게 한다. 이는 상처 부위에 백혈구, 항체, 방어 물질 등이 많이 공급될 수 있도록 하기 위해서이다.

19 ㉠ 근육 수축 과정은 ATP와 Ca^{2+}가 있을 때만 일어난다.
㉡㉢ 근수축 과정에서 액틴과 마이오신 필라멘트의 길이는 변하지 않고 두 필라멘트가 미끄러져 들어가 겹치는 부분이 증가한다. 그 과정에서 근절, H대, I대의 길이는 감소하고, A대의 길이는 변하지 않는다.

20 항A 혈청에서만 응집 반응이 일어났으므로 이 사람의 혈액형은 A형이다. 따라서 적혈구막에 응집원 A, 혈장에 응집소 β 를 가지고 있다.

최근기출문제분석

생물

1 헤모글로빈과 미오글로빈 단백질에 대한 설명으로 옳은 것을 〈보기〉에서 모두 고른 것은?

〈보기〉
㉠ 헤모글로빈은 적혈구에, 미오글로빈은 근육세포에 존재한다.
㉡ 산소압에 따른 헤모글로빈의 산소결합곡선은 S자형이다.
㉢ 헤모글로빈과 미오글로빈 모두 보결분자로 헴 구조를 가지고 있다.
㉣ 헤모글로빈과 미오글로빈 모두 α와 β 단백질을 각각 2개씩 4개의 단량체 단백질을 포함한다.

① ㉠, ㉡

② ㉢, ㉣

③ ㉠, ㉡, ㉢

④ ㉠, ㉡, ㉣

> NOTE ㉣ [×] 헤모글로빈은 α 사슬 2개, β 사슬 2개가 모인 폴리펩타이드사슬로 구성되어 있다. 미오글로빈은 단일 폴리펩타이드 사슬로 존재한다.

2 개구리의 수정란은 분할(난할, cleavage)을 계속하여 포배를 형성한다. 분할에 대한 설명으로 가장 옳지 않은 것은?

① 분할은 발생의 초기 단계로서 다세포를 만들어내는 빠른 세포분열을 말한다.

② DNA 복제, 유사분열, 세포질 분열이 매우 빠르게 일어난다.

③ 개구리에서는 단단한 세포구를 만드는 분할과정이 4일 정도 걸린다.

④ 유전자 전사는 실제적으로 일어나지 않아 새로운 단백질이 거의 합성되지 않는다.

> NOTE 조류와 포유류의 경우 외배엽 전구체가 증식하여 난황을 감싸 이동하는 데 대략 4일이 소요된다.

3 세포호흡을 담당하는 미토콘드리아(mitochondria)와 광합성에 관여하는 틸라코이드(thylakoid)에 대한 설명 중 옳은 것을 〈보기〉에서 모두 고른 것은?

〈보기〉
㉠ 틸라코이드의 스트로마와 미토콘드리아의 기질에서 ATP가 생성된다.
㉡ 산화적 인산화 시 수소이온은 미토콘드리아 기질에서 미토콘드리아의 내막과 외막 사이의 공간으로 이동한다.
㉢ 틸라코이드의 스트로마에서 수소이온 농도는 틸라코이드 내부의 수소이온 농도보다 낮다.
㉣ 미토콘드리아 내막과 외막 사이의 공간에서 전자가 산소로 전달된다.

① ㉠, ㉡   ② ㉡, ㉢
③ ㉢, ㉣   ④ ㉠, ㉢

> **NOTE** ㉠ [×] 미토콘드리아 기질과 엽록체의 스트로마에서 ATP가 생성된다(틸라코이드의 스트로마라는 말은 알맞지 않음).
> ㉡ [×] 산화적 인산화시 수소이온은 미토콘드리아 막간 공간에서 기질로 이동한다.
> ㉢ [×] 수소 이온 농도는 틸라코이드 내부가 스트로마보다 높다(틸라코이드의 스트로마라는 말은 알맞지 않음).
> ㉣ [×] 미토콘드리아 내막의 전자 전달 효소를 통해 전자가 산소로 전달된다.

4 호수 바닥에서 살고 있는 메탄생성균(methanogen)과 프로테오박테리아에 속하는 니트로조모나스(*Nitrosomonas*), 광합성을 하는 시아노박테리아(cyanobacteria)에 대한 설명으로 가장 옳은 것은?

① 메탄생성균과 니트로조모나스는 진핵생물과 유사한 rRNA 염기서열을 갖는다.
② 메탄생성균과 시아노박테리아는 DNA에 결합하는 히스톤을 갖는다.
③ 니트로조모나스와 시아노박테리아는 한 종류의 RNA 중합효소를 갖는다.
④ 메탄생성균과 니트로조모나스와 시아노박테리아는 모두 펩티도글리칸으로 만들어진 세포벽을 갖는다.

> **NOTE** 메탄생성균은 고세균에 속하고 니트로조모나스와 시아노박테리아는 세균에 속한다. 고세균의 경우 원핵생물인 세균과 분류학적으로 매우 큰 차이가 있으며 오히려 진핵생물 세포와 가깝다. 세포벽의 경우 세균은 펩티도글리칸층을, 고세균은 슈도펩티도글리칸층을 갖는다. 또한 고세균은 DNA에 히스톤 단백질을 포함하지만 세균은 히스톤 단백질을 가지지 않는다.

ANSWER _ 1.③ 2.③ 3.정답 없음 4.③

5 생물체의 RNA 종류 중 그 양이 특정 단백질의 생산량에 영향을 줄 수 있는 것으로 옳게 짝지은 것은?

① mRNA – rRNA

② rRNA – tRNA

③ tRNA – 마이크로RNA(miRNA)

④ mRNA – 마이크로RNA(miRNA)

> **NOTE** rRNA는 리보솜을 구성하는 RNA이다. tRNA는 mRNA의 코돈에 대응하는 안티코돈을 가지고 있으며, 꼬리 쪽에는 해당하는 안티코돈에 맞추어 tRNA와 특정한 아미노산을 연결해 주는 효소에 의해 안티코돈에 대응하는 아미노산을 단다. miRNA는 mRNA와 상보적으로 결합해 세포 내 유전자 발현과정에서 중추적 조절인자로 작용한다.

6 세포매개 면역반응(cell-mediated immune response)에 대한 설명으로 옳은 것을 〈보기〉에서 모두 고른 것은?

〈보기〉
- ㉠ 항원제시세포는 보조 T 림프구에게 자기 단백질(self protein)과 외래항원을 제시한다.
- ㉡ 보조 T 림프구는 인터루킨 2(IL-2)를 분비하여 B 림프구를 활성화한다.
- ㉢ 보조 T 림프구는 인터루킨 2(IL-2)를 분비하여 세포독성 T 림프구를 활성화한다.
- ㉣ 항원제시세포는 인터루킨 1(IL-1)을 분비하여 보조 T 림프구를 활성화한다.
---

① ㉡, ㉢ ② ㉠, ㉡, ㉣

③ ㉠, ㉢, ㉣ ④ ㉠, ㉡, ㉢, ㉣

> **NOTE** 2차 방어 작용에 대한 내용으로 특이적 방어 작용이라고도 한다. 대식세포가 항원을 제거하면서 항원 조각을 제시하면서 인터루킨Ⅰ을 분비한다. 인터루킨Ⅰ이 보조 T림프구를 활성화시켜 인터루킨Ⅱ가 분비된다. 인터루킨Ⅱ가 세포독성 T림프구를 활성화시킨다. 보조 T림프구는 B세포에 결합하고 항체 생성을 촉진시키는 인터루킨Ⅱ를 분비해 B세포를 활성화한다. 그 이후 세포성 면역의 경우 항원에 감염된 세포가 항원 조각을 제시하면 세포 독성 T 림프구와 만나면서 제거된다. 체액성 면역의 경우 B림프구가 보조 T림프구로 인해 형질세포와 기억세포로 분화되고 형질세포는 항체를 생성해 항원항체반응을 통해 항원을 제거하며 기억세포는 다음에 동일한 항원이 들어왔을 때 빠르게 반응할 수 있게 한다. 보조 T 림프구가 B세포를 인식하기 위해서는 B세포 표면에 부착된 항체가 대식세포에 의해 제시되었던 항원 단백질의 일부분과 결합하고 있어야 한다. 인터루킨은 B세포를 간접적으로 자극할 수 있다.

7 어떤 콩의 껍질의 색이 독립적으로 유전되는 두 개의 유전자에 의해 조절되는 다인자유전의 결과라고 가정하자. 같은 정도의 검은 색을 나타내는 유전자 A와 B는 대립유전자 a와 b에 대해 불완전우성이다. 가장 검은 콩(AABB)과 가장 흰 콩(aabb)의 교배로 얻은 F1세대의 색깔과 동일한 색의 콩을 F1끼리 교배한 F2 세대에서 얻을 확률은?

① 1/16

② 4/16

③ 5/16

④ 6/16

> **NOTE** AABB와 aabb의 교배로 얻은 F1세대의 유전자형은 AaBb이다. F1을 자가교배했을 때 다인자 유전의 경우 나타날 수 있는 경우의 수는 $_4C_2/2^4$으로 구할 수 있다.

8 양인자이형접합자(양성잡종, dihybrid)에 대한 설명으로 옳지 않은 것을 〈보기〉에서 모두 고른 것은?

〈보기〉
㉠ 두 쌍 중 한 쌍의 유전자의 각 대립인자가 서로 다르다.
㉡ 이배체 단일 유전자의 대립인자에 대한 표현이다.
㉢ 서로 교배하면 9종류의 서로 다른 유전자형이 나온다.
㉣ 검정교배를 하면 4종류의 표현형이 동일한 비로 나온다.
㉤ 표현형은 우성형질의 것으로 나타난다.

---

① ㉠, ㉡

② ㉡, ㉢

③ ㉢, ㉣

④ ㉣, ㉤

> **NOTE** ㉠ [×] 양성잡종은 두 쌍의 유전자의 각 대립인자가 다르다.
> ㉡ [×] 이배체의 두 가지 유전자의 대립인자에 대한 표현이다.

9 식물의 수송에 대한 설명으로 가장 옳지 않은 것은?

① 카스파리안선(casparian strip)은 아포플라스트(apoplast)를 통한 물의 이동을 막는다.

② 물관부에서 증산-응집력-장력의 기작이 물의 수송을 일어나게 한다.

③ 공변세포는 빛이 없으면 양성자를 밖으로 퍼내고 대신 K^+과 Cl^-을 세포 내로 끌어들인다.

④ 동반세포(companion cell)는 체관요소의 생명유지에 필요한 기능을 제공한다.

> **NOTE** 빛이 있을 때 공변세포의 원형질막에 있는 색소에 의해 흡수된 청색광에 의해 양성자가 양성자 펌프를 통해 공변세포에서 주변 표피세포로 나가게 된다. 이 결과로 양성자 기울기가 형성되어 공변세포 내에 칼륨 이온이 흡수된다.

ANSWER _ 5.④ 6.③ 7.④ 8.① 9.③

10 질소는 단백질과 핵산의 주 원소이다. 대기 중의 질소를 직접 이용할 수 없는 식물은 미생물의 대사산물을 이용한다. 식물이 이용하는 질소대사산물을 생산하는 미생물을 〈보기〉에서 모두 고른 것은?

〈보기〉

㉠ 질화세균(nitrifying bacteria)
㉡ 탈질화세균(denitrifying bacteria)
㉢ 남세균(시아노박테리아, cyanobacteria)
㉣ 뿌리혹박테리아(근립균, leguminous bacteria)

---

① ㉠, ㉡, ㉢

② ㉠, ㉡, ㉣

③ ㉠, ㉢, ㉣

④ ㉡, ㉢, ㉣

　🖊️**NOTE** ㉡ 탈질화세균은 혐기적 조건에서 산소 대신 질산을 사용하는 질산호흡 또는 이화적 질산환원을 한다. 즉, 산소가 부족한 환경에서 질산이나 아질산을 환원하여 질소가스로 방출하는 세균으로, 식물이 이용하는 질소대사산물을 생산하지 않는다.

11 4명의 학생이 동일한 식물을 관찰하고 그 모양을 기록하였다. 올바르게 관찰하여 기록한 학생의 것은?

① 잎맥이 서로 평행 – 원형 배열의 관다발 – 꽃잎이 5개 – 원뿌리

② 잎맥이 갈라짐 – 관다발이 산발적 – 꽃잎이 5개 – 수염뿌리

③ 잎맥이 서로 평행 – 관다발이 산발적 – 꽃잎이 6개 – 수염뿌리

④ 잎맥이 갈라짐 – 원형 배열의 관다발 – 꽃잎이 6개 – 원뿌리

　🖊️**NOTE** 외떡잎식물은 꽃잎이 3배수, 쌍떡잎식물은 꽃잎이 4또는 5배수이며 잎맥은 외떡잎식물이 나란히맥, 쌍떡잎식물은 그물맥이며 외떡잎식물은 관다발이 산발적이며 쌍떡잎식물은 관다발이 규칙적이다. 뿌리모양은 외떡잎식물이 수염뿌리, 쌍떡잎식물은 원뿌리와 곁뿌리로 구분된다.

12 〈보기 1〉은 뉴런의 휴지전위 및 활동전위에 대한 그래프이다. 각 단계별 나트륨 이온통로와 칼륨 이온 통로에 대한 설명 중 옳은 것을 〈보기 2〉에서 모두 고른 것은?

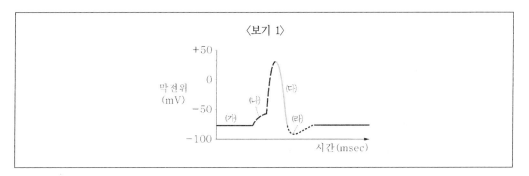

〈보기 2〉
(개) 전압 개폐성이 아닌 칼륨 통로가 전압 개폐성이 아닌 나트륨 통로에 비해 상대적으로 많이 열려 있다.
(내) 전압 개폐성 나트륨 통로가 열리면서 막전위가 변화한다.
(대) 전압 개폐성 칼륨 통로가 열리고 칼륨 이온이 세포 내부로 이동한다.
(래) 전압 개폐성 칼륨 통로가 빠르게 닫혀 휴지전위 이하로 막전위가 내려간다.

① (개), (내)   ② (대), (래)
③ (개), (내), (래)   ④ (내), (대), (래)

> **NOTE** (대) [×] 전압 개폐성 칼륨 통로가 열리고 칼륨 이온이 세포 외부로 이동한다.
> (래) [×] 전압 개폐성 칼륨 통로는 닫히는 속도가 느려 휴지전위 이하로 막전위가 내려간다.

13 세포 호흡은 전자전달계를 통한 산화적 인산화로 ATP를 얻기 위해 해당 과정과 시트르산 회로에서 얻은 환원력을 이용한다. 다음 중 환원력을 제공하는 탈수소효소의 기질로 옳게 짝지은 것은?

① 1,3-이인산글리세르산(BPG) — 아이소시트르산(isocitric acid)
② 3-인산글리세르산(3-PG) — 알파케토글루타르산(α-ketoglutaric acid)
③ 포스포에놀피루브산(PEP) — 숙신산(succinic acid)
④ 글리세르알데히드-3인산(G3P) — 말산(malic acid)

> **NOTE** 해당과정에서 탈수소효소가 작용하는 곳은 글리세르알데히드-3인산이 1,3-이인산글리세르산이 될 때이다. 시트르산 회로에서 탈수소효소가 작용하는 곳은 피루브산이 아세틸CoA가 될 때, 시트르산이 알파케토글루타르산이 될 때, 알파케토글루타르산이 숙신산이 될 때, 말산이 옥살로아세트산이 될 때이다. 즉 탈수소효소의 기질이 될 수 있는 물질은 글리세르알데히드-3인산, 피루브산, 시트르산, 알파케토글루타르산, 말산이 있다.

ANSWER _ 10.③ 11.③ 12.① 13.④

14 유전체학(genomics)에 대한 설명으로 가장 옳지 않은 것은?

① 효모(*S. cerevisiae*)는 염기서열이 완전히 결정된 최초의 진핵생물이다.

② 염기서열이 완전히 결정된 최초의 다세포생물은 꼬마선충(*C. elegans*)이다.

③ 유전체의 크기는 생물 개체의 크기, 복잡성, 외형 등과 연관성이 크다.

④ 인간 유전체 사업(human genome project)에 의해 인간 유전체의 대부분이 유전자로 이뤄져 있지 않다는 것이 밝혀졌다.

　　NOTE 유전체의 크기는 생물 개체의 크기, 복잡성, 외형 등과는 연관성이 멀다.

15 사람의 수정란에서 45개의 염색체가 발견되었다. 이에 대한 설명으로 가장 옳은 것은?

① 난자 또는 정자의 감수분열 후기에 오류가 일어났다.

② 제1감수분열 전기에 키아즈마(chiasma)가 생기지 않았다.

③ 제2감수분열 중기에 염색체의 정렬이 일어나지 않았다.

④ 23개의 염색체를 가진 난자와 22개의 염색체를 가진 정자의 수정이 일어났다.

　　NOTE 염색체 수 이상으로 감수분열 시기에 제대로 분열이 일어나지 않을 경우 발생된다.
　　② 키아즈마는 유전적 다양성을 높여주는 것으로 염색체 수와는 관련 없다.
　　③ 염색체 정렬과 염색체 수 이상과는 관련이 없다.
　　④ 정자, 난자 관계없이 n, n−1의 생식세포 결합 시 45개 염색체를 가진 수정란 생성이 가능하다.

16 〈보기〉는 뇌구조를 나타낸 것이다. 이 중 반사 중추로서 소화운동 조절, 호흡, 순환 등의 역할을 하는 곳은?

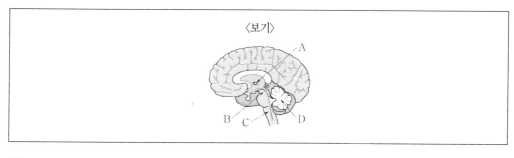

〈보기〉

① A

② B

③ C

④ D

> **NOTE** A는 간뇌, B는 중간뇌, C는 연수, D는 소뇌이다. 반사중추로서 소화운동 조절, 호흡, 순환과 관련된 뇌는 연수이다.

17 화합물 A는 칼슘의 세포막 이동을 차단시키는 킬레이트 제제이다. 화합물 A가 신경세포의 시냅스에 미치는 영향에 대한 설명으로 가장 옳은 것은?

① 시냅스전뉴런(presynaptic neuron)의 신경전달물질 방출을 증가한다.

② 시냅스전뉴런(presynaptic neuron)의 신경전달물질 방출을 감소시킨다.

③ 신경전달물질은 방출되나 시냅스후뉴런(postsynaptic neuron)의 수용체와는 결합할 수 없다.

④ 시냅스후뉴런(postsynaptic neuron)의 리간드 개폐성(ligand-gated) 이온채널을 열어 놓아 칼슘이온이 결핍된다.

> **NOTE** 칼슘이온은 흥분 전달 과정에서 시냅스 소포가 세포막과 융합하는 과정을 촉진한다. 시냅스 소포가 세포막과 융합하게 되면 신경전달물질이 시냅스 틈으로 확산되어 시냅스 이후 뉴런의 세포막의 수용체에 결합 시 나트륨통로가 열리면서 시냅스 후 뉴런에서 탈분극을 야기한다. 즉 칼슘의 세포막 이동을 차단시키는 킬레이트 제제의 물질을 처리했을 경우 시냅스전뉴런에서 신경전달물질 방출이 감소된다.

ANSWER _ 14.③ 15.① 16.③ 17.②

18 낫모양적혈구빈혈(sickle-cell anemia)은 베타-헤모글로빈을 구성하는 유전자에 돌연변이가 일어나 글루탐산이 발린으로 치환된 질환이다. 변이가 일어난 발린의 특징에 해당하는 것은?

① 단백질의 표면에 있어 물과 직접 접한다.

② 단백질의 내부를 구성할 것이다.

③ 산소와 결합하는 활성부위를 구성한다.

④ 헴(heme)과 결합하는 부위를 구성한다.

> **NOTE** 발린은 소수성 아미노산으로 단백질의 내부를 구성한다.

19 3가지의 다른 유전자 A, B, C가 3종의 유전자 좌위(loci)에 위치한다. 각각 두 가지의 표현형을 나타내는데 그 중 하나는 야생 표현형과는 다르다. A의 비정상 대립유전자인 a의 표현형은 B 또는 C의 표현형과 50% 정도 함께 유전이 된다. 또 다른 경우, b와 c 유전자는 약 14.4% 정도 함께 유전되는 것으로 보인다. 이에 대한 설명으로 가장 옳은 것은?

① 각각의 유전자는 독립적으로 분리된다.

② 세 유전자는 서로 연관된 유전자이다.

③ A는 연관유전자이나 B와 C는 아니다.

④ B와 C는 연관유전자이며 A와는 독립적으로 분리된다.

> **NOTE** 독립일 경우 교차율이 50%, 상인 완전 연관과 상반 완전 연관일 경우 교차율이 0%이다. 또한 상인 불완전 연관, 상반 불완전 연관이 일어나 교차가 일어날 경우 교차율이 0%보다 크고 50% 미만이다. 즉 B와 C는 교차가 일어난 연관유전자이며 A와는 독립적으로 분리된다.

20 〈보기〉의 DNA 시료를 제한효소 1과 2로 처리한 후 젤 전기영동으로 분리하여 A, B, C 세 개의 절편을 얻었다. 젤 전기영동으로 얻어진 DNA 절편의 순서로 가장 옳은 것은?

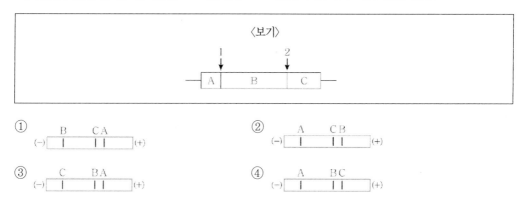

①
```
   B    C A
(−)| |   | | |(+)
```

②
```
   A    C B
(−)| |   | | |(+)
```

③
```
   C    B A
(−)| |   | | |(+)
```

④
```
   A    B C
(−)| |   | | |(+)
```

NOTE DNA는 (−)극을 띠는 물질로 전기영동을 통해 얻어진 절편 중 크기가 작은 것이 (+)극으로 가장 많이 이동하고 크기가 클수록 (+)극으로 이동을 적게 하므로 절편의 크기가 'B〉C〉A'이므로 가장 (+)쪽으로 이동한 절편은 A, (−)극 쪽에 가장 가깝게 있는 절편은 B이다.

1 〈보기〉가 공통적으로 설명하는 호르몬에 해당하는 것은?

> 〈보기〉
> • 곰팡이가 합성하여 벼에서 키다리병을 유발한다.
> • 보리 등 곡물 종자의 배에 존재하며 발아를 촉진한다.
> • 톰슨의 씨 없는 포도를 생산하는 데 이용된다.
> • 키 작은 완두에 처리하면 정상적인 키를 갖는다.

① 옥신   ② 사이토키닌
③ 지베렐린   ④ 앱시스산

> **NOTE** ① 옥신은 식물의 생장 조절 물질의 하나로, 성장을 촉진하며 낙과를 방지하고 착과를 조절한다.
> ② 사이토키닌은 잎의 노화를 저해, 세포분열을 촉진하며 곁가지 생장을 촉진한다.
> ④ 앱시스산은 종자 휴면 유지, 기공 닫기, 스트레스 저항성을 촉진한다.

2 시아노박테리아의 하나인 아나베나(Anabaena)에서 일어나는 질소고정에 대한 설명으로 가장 옳지 않은 것은?

① 대기 중의 질소를 암모니아로 전환한다.
② 산소는 질소고정효소를 활성화시킨다.
③ 광합성 세포와 이형세포 사이에는 세포 간 연접이 형성되어 있다.
④ 이형세포에 질소고정효소가 있다.

> **NOTE** 질소 고정효소는 산소에 노출될 경우 빠르게 불활성화 된다. 그러나 남조류나 아조토박터와 같은 세균의 경우 혐기 조건에서는 살 수 없으므로 아예 내부에서 산소를 생성한다. 따라서 이런 세균들의 경우 각각의 영양세포와는 별개로 질소 고정을 위해 특수하게 분화된 세포들이 사이사이에 존재하는데 이것을 이형세포라고 한다.

3 〈보기〉에서 설명하고 있는 세포현상은?

> 〈보기〉
> 손상된 세포 내 소기관(예, 미토콘드리아)은 막에 의해 둘러싸여 소낭을 형성하게 된다. 그 후 소낭은 리소좀과 융합하고, 리소좀에 존재하는 가수분해효소들이 소기관 성분을 소화한다.

① 식세포작용(phagocytosis)

② 자기소화작용(autophagy)

③ 아폽토시스(apoptosis)

④ 음세포작용(pinocytosis)

　　NOTE 손상된 세포 내 소기관이 분해될 때 일어나는 자기소화작용 과정이다.

4 생체에는 다양한 고분자 물질들이 존재한다. 생체분자의 구조 및 형성 원리에 대한 설명으로 가장 옳은 것은?

① 다당류에 해당하는 글리코겐(glycogen)은 셀룰로오스(cellulose)와 달리 당의 연결 형태에 가지 친 구조가 나타나지 않는다.

② 인지질(phospholipid) 분자는 소수성의 탄화수소 꼬리를 두 개 가지며, 지방산은 세 개의 소수성 탄화수소 꼬리를 갖는다.

③ 단백질이 가지는 구조적 도메인(domain)은 고유의 3차 구조를 가짐으로써 독립적인 기능 단위로 작용할 수 있다.

④ 데옥시리보오스(deoxyribose)의 5′ 탄소에 인산이 결합되고 3′ 탄소에 염기(base)가 결합하여 뉴클레오타이드 분자가 만들어진다.

　　NOTE ① 글리코겐은 가지 친 구조이고 셀룰로오스의 경우 포도당 단량체가 서로 다른 방향으로 결합하고 가지가 없는 막대형이다.
② 소수성 탄화수소 꼬리를 두 개 가지는 것은 인지질이고, 세 개 가지는 것은 중성지방이다.
④ 데옥시리보오스의 5′ 탄소에 인산이 결합하고 1′ 탄소에 염기가 결합해 뉴클레오타이드 분자가 만들어진다.

ANSWER ＿ 1.③ 2.② 3.② 4.③

5 내피 세포에 위치하는 카스파리안선(casparian strip)에 존재하는 물질로 물과 물에 녹은 무기질의 투과를 막는 것은?

① 리그닌   ② 수베린

③ 셀룰로오스   ④ 미세섬유소원

NOTE 리그닌은 식물의 2차벽으로 성숙한 세포에서만 발견되며, 셀룰로오스는 1차벽을 구성한다.

6 〈보기〉에서 설명하는 유전병에 해당하는 것은?

> 〈보기〉
>
> 이 병을 갖는 아기의 뇌세포는 결정적인 효소가 제대로 작동하지 않기 때문에 특정 지질을 대사하지 못한다. 이 지질이 뇌세포에 축적되면서 유아는 경련, 시력 상실, 운동 및 지적 능력의 퇴화를 겪게 된다. 이 질환에 걸린 아이는 출생 후 수 년 이내에 사망한다.

① 테이-삭스병(Tay-Sachs disease)   ② 낭성섬유증(cystic fibrosis)

③ 헌팅턴병(Huntington's disease)   ④ 연골발육부전증(achondroplasia)

NOTE 낭성섬유증은 유전자 이상으로 인해 점액물질의 점성이 제대로 조절되지 못해 발생되는 병이며 헌팅턴병도 유전자 이상으로 인한 병으로, 뇌손상으로 인해 운동 증상에 문제가 생기는 병이다. 연골발육부전증은 염색체 이상으로 인한 병으로, 키가 작고 어깨와 엉덩이 관절에 의해 팔다리가 짧으며 비균형적으로 몸통이 길며 돌출된 앞이마 등이 나타난다.

7 동물의 발생에 대한 설명으로 가장 옳지 않은 것은?

① 새로운 배아 형성에 필요한 성분들은 난자의 세포질에 고르게 분포되어 있다.

② 양서류 난모 세포는 수정 후에 회색신월환을 동등하게 나누면 2개의 할구로부터 2개의 정상적인 유충이 발달한다.

③ 난황의 양이 많은 물고기 알의 경우 난할이 난황 꼭대기에 있는 세포질 층에 한정되어 일어난다.

④ 한 배아의 등쪽 입술 세포를 다른 배아에 이식하면 새로운 신체부분이 형성된다.

NOTE 새로운 배아 형성에 필요한 성분들은 난자 세포질의 뒤쪽 극에 분포한다.

8 가을에 단일식물인 국화를 생육시키는 온실의 관리자가 밤 동안에 실수로 660nm 파장 빛을 잠깐 동안 켰다가 껐고, 그 다음에 730nm의 파장 빛을 잠깐 동안 켰다가 껐다. 이 과정 후 일어난 사건에 대해 옳은 것을 모두 고른 것은?

> 〈보기〉
> ㉠ 생육 중인 국화의 꽃이 피지 않는다.
> ㉡ 결국은 Pr형의 피토크롬(phytochrome)으로 전환된다.
> ㉢ 생육 중인 국화의 꽃이 핀다.
> ㉣ 결국은 Pfr형의 피토크롬(phytochrome)으로 전환된다.

① ㉠, ㉡ ② ㉡, ㉢

③ ㉠, ㉣ ④ ㉢, ㉣

> **NOTE** 식물이 빛에 노출되면 피토크롬이 분해되어 이것이 활성화되면 Pfr[원적색광(730nm) 흡수 피토크롬]의 양이 증가하고 밤 동안에는 Pfr의 농도가 서서히 감소한다. 만약 원적색광이 많게 되면 Pfr이 Pr[적색광(660nm) 흡수 피토크롬]로 전환하며 이때 피토크롬은 합성되어 활성화되지 않는다. 660nm 및 이후 730nm의 빛을 비추었으므로 결국 Pfr가 Pr로 전환하여 국화꽃이 피게 된다.

9 두 개의 중쇄(heavy chain)와 두 개의 경쇄(light chain)로 구성되어 있는 일반적인 면역글로불린G(IgG) 항체의 구조에 대한 설명으로 가장 옳지 않은 것은?

① 두 개의 중쇄는 서로 결합되어 있지만 두 개의 경쇄는 서로 직접적인 결합 상호작용을 하지 않는다.

② 중쇄와 경쇄 모두 가변(V, variable) 영역과 불변(C, constant) 영역을 가지고 있다.

③ 두 개의 중쇄는 불변 영역에서 서로 결합한다.

④ 중쇄와 경쇄의 가변 영역은 각각 독립된 항원결합 부위를 형성한다.

> **NOTE** 중쇄와 경쇄의 가변 영역은 같은 항원결합부위를 형성한다.

ANSWER _ 5.② 6.① 7.① 8.② 9.④

10 시트르산 회로(또는 크렙스 회로)에서 기질 수준 인산화 반응에 의해 ATP가 생성되는 단계로 가장 옳은 것은?

① 시트르산 → α-케토글루타르산

② 숙신산 → 말산

③ α-케토글루타르산 → 숙신산

④ 옥살아세트산 → 시트르산

> NOTE α-케토글루타르산에서 숙신산이 될 때 기질수준인산화를 통해 ATP가 합성되며 시트르산에서 α-케토글루타르산이 될 때는 NADH가 형성되어 전자전달계를 거쳐 산화적 인산화를 통한 ATP가 합성된다. 숙신산에서 말산이 될 때 FADH2 생성 후 산화적 인산화를 거치고 옥살아세트산이 시트르산이 될 때는 별도의 인산화 과정이 일어나지 않는다.

11 바이러스(virus) 중에서 이중가닥 RNA를 유전체로 가지고 있는 것은?

① 아데노바이러스(adenovirus)

② 파보바이러스(parvovirus)

③ 코로나바이러스(coronavirus)

④ 레오바이러스(reovirus)

> NOTE 아데노바이러스는 이중가닥 DNA 바이러스, 파보바이러스는 단일가닥 DNA 바이러스, 코로나바이러스는 단일가닥 RNA 바이러스이다.

12 〈보기 1〉 실험 결과의 해석으로 옳은 것을 〈보기 2〉에서 모두 고른 것은?

〈보기 1〉

미생물학자인 광전(Kwang Jeon) 박사는 단세포성 원생생물인 아메바(Amoeba proteus)에 대한 연구를 수행하던 중에 실수로 아메바 배양세포의 일부가 간균에 의해 오염이 되었다. 몇몇 전염된 아메바는 금방 죽었지만, 일부 아메바는 생장은 느렸지만 살아남았다. 광전 박사는 호기심에 오염된 배양세포를 5년 동안 유지한 후에 관찰을 해보니 오염된 아메바 자손들은 간균의 숙주세포가 되었고, 생장 상태도 양호하였다. 그러나 감염되지 않은 아메바의 핵을 제거한 후, 감염된 아메바의 핵을 이식하면 감염되지 않은 아메바는 모두 죽고 말았다.

〈보기 2〉

㉠ 이 실험은 엽록체나 미토콘드리아와 같은 세포 내 소기관이 내부 공생의 결과라는 증거이다.
㉡ 간균의 숙주세포가 된 아메바는 일부 유전자를 상실하였다.
㉢ 간균의 일부 유전자가 숙주세포가 된 아메바의 핵으로 이동하였다.
㉣ 숙주세포인 아메바의 생존을 위해 간균이 필요하다는 것을 보여준다.

---

① ㉠, ㉡   ② ㉡, ㉢

③ ㉠, ㉡, ㉣   ④ ㉡, ㉢, ㉣

> **NOTE** 숙주세포인 아메바의 생존을 위해 간균이 필요함을 보여주는 실험으로, 간균의 숙주세포가 된 아메바는 일부 유전자를 상실하더라도 살아갈 수 있었다. 간균의 일부 유전자가 아메바의 핵으로 이동하지는 않는다. 엽록체나 미토콘드리아처럼 외부에 있던 물질이 세포 내 소기관에 들어와 공생한다는 증거가 된다.

13 〈보기〉가 설명하는 생식적 격리에 기여하는 생식적 장벽 중 접합 전 장벽에 해당하는 것은?

〈보기〉

Bradybaena 속의 달팽이 두 종의 껍데기가 다른 방향으로 꼬여 있다. 가운데로 모여들 때 한 종은 반시계 방향으로, 다른 종은 시계 방향으로 꼬여 들어간다. 따라서 달팽이의 생식공이 정렬되지 못하여 짝짓기를 완성할 수 없다.

---

① 시간적 격리   ② 행동적 격리

③ 기계적 격리   ④ 생식세포 격리

> **NOTE** 접합 전 장벽에는 크게 짝짓기 시도의 실패, 수정의 실패로 나누어지는데 짝짓기 시도의 실패에 서식지 격리, 시간적 격리, 행동적 격리가 포함되고 수정의 실패에 기계적 격리, 생식세포 격리가 포함된다.

ANSWER _ 10.③ 11.④ 12.③ 13.③

14 단백질을 소포체로 이동시키는 일련의 신호기작에 대한 설명으로 가장 옳지 않은 것은?

① 세포 밖으로 분비될 운명의 폴리펩타이드 합성은 소포체의 세포질 쪽 면에 붙어 있는 부착 리보솜에서 시작된다.

② 세포 밖으로 분비될 운명의 폴리펩타이드의 서열은 신호펩타이드(signal peptide)라고 불리는 소포체로 이동하게 하는 일련의 아미노산 서열로 시작된다.

③ 신호인식입자(signal recognition particle)가 신호펩타이드에 부착하면 폴리펩타이드 합성이 일시적으로 중단된다.

④ 소포체의 막에 존재하는 신호절단효소가 신호펩타이드를 자른다.

> **NOTE** 전사과정은 핵에서 일어나며 전사과정 결과 생성된 mRNA는 세포질로 이동한다. RNA에서 단백질이 합성되고 단백질이 폴리펩타이드로의 합성이 일어나는 장소는 모두 세포질이다.

15 〈보기〉 아미노산 구조의 성질로 가장 옳은 것은?

〈보기〉

$$\begin{array}{c} CH_3 \\ | \\ H_3N^+\!-\!\overset{|}{\underset{|}{C}}\!-\!COO^- \\ | \\ H \end{array}$$

① 극성   ② 산성

③ 염기성   ④ 소수성

> **NOTE** 곁사슬에 H를 가지는 글리신으로 이는 소수성 아미노산에 속한다.

16 지질학적 기록을 바탕으로 지구 생물 역사를 설명한 내용으로 가장 옳지 않은 것은?

① 신생대에 이족 보행 인간의 조상이 출현하였다.

② 곤충은 중생대에 출현하였다.

③ 현화식물은 중생대에 출현하였다.

④ 종자식물은 고생대에 출현하였다.

> **NOTE** 곤충은 지금으로부터 4억 년 전인 고생대에 최초로 출현했으며 처음으로 유사 곤충이 나타난 것은 3억 5천만 년 전인 석탄기라 할 수 있다. 신생대에 인류가 출현했고 중생대에 겉씨식물이 우세했고 고생대에 종자식물이 출현하였다.

17 〈보기〉에서 암세포에 대한 설명으로 옳은 것을 모두 고른 것은?

〈보기〉
㉠ 비정상적으로 자라고 분열하여 조직 내에서 매우 높은 밀도로 자라게 된다.
㉡ ATP 생성이 발효과정보다는 유기호흡에 의존하게 된다.
㉢ 주변에 작은 혈관이나 모세혈관이 비정상적으로 증가한다.
㉣ 세포 막 단백질에 변형이 생겨 조직 내에서 세포 간의 부착능력이 강해진다.

① ㉠, ㉡   ② ㉠, ㉢

③ ㉠, ㉡, ㉣   ④ ㉡, ㉢, ㉣

> **NOTE** 암세포는 비정상적으로 빨리 자라는 세포로 많은 양의 ATP가 필요한데, 미토콘드리아에서 얻는 에너지의 양은 많을 수 있지만 속도가 느리므로 세포질에서 에너지를 만든다. 세포 간 부착능력을 떨어뜨려 암세포는 기질에 침투하고 이동하며 전이가 일어난다.

ANSWER _ 14.① 15.④ 16.② 17.②

18 〈보기〉처럼 유전적 질환이나 암 발생과 관계될 수 있는 염색체 구조변화의 예로 옳지 않은 것은?

> 〈보기〉
> 다운증후군과 같이 염색체 수의 변화에 따른 유전적 질환 외에도, 염색체에서의 여러 구조적 변화는 헌팅턴병, 불임, 림프종과 같은 다양한 질병 또는 질환을 일으킬 수 있다.

① 감수분열 중에 두 개의 상동염색체가 서로 상응하는 유전자를 교환하는 교차(crossing over)

② 염색체 일부가 상동 염색체로 옮겨감으로 인해 특정 DNA 염기서열이 두 번 이상 반복되는 중복(duplication)

③ 염색체 일부가 반전되어 반대 방향이 되는 역위(inversion)

④ 비상동성 염색체 간에 염색체의 일부가 교환되는 전좌(translocation)

　　NOTE 교차는 유전적 다양성을 높이는 대표적인 예이다. 중복, 역위, 전좌는 염색체 구조의 변화로 인해 유전적 질환을 일으킬 수 있다.

19 평소 신장 질환을 겪고 있는 환자의 소변을 채취하여 알부민 함량을 측정하였더니 정상인보다 높은 함량의 알부민이 검출되었다. 소변이 생성되는 여러 과정 중 소변의 알부민 함량과 가장 관련이 깊은 것은?

① 사구체 여과　　　　　　　　　② 세뇨관 재흡수

③ 세뇨관 분비　　　　　　　　　④ 소변의 농축

　　NOTE 알부민은 단백질인데, 고분자인 단백질이 오줌에서 발견되었다는 것은 사구체에서 보먼주머니로 여과되지 말아야 할 물질이 여과되었음을 뜻한다.

20 이산화탄소 수송에 대한 설명으로 옳은 것을 〈보기〉에서 모두 고른 것은?

〈보기〉
⊙ 이산화탄소는 대부분 중탄산염(HCO_3^-)의 형태로 폐로 수송된다.
ⓒ 이산화탄소는 대부분 카바미노헤모글로빈($HbCO_2$)의 형태로 폐로 수송된다.
ⓒ 적혈구에서 형성된 중탄산염(HCO_3^-)은 헤모글로빈에 결합한다.
ⓒ 폐포 모세혈관에서 중탄산염(HCO_3^-)은 수소이온(H^+)과 결합하여 이산화탄소를 형성한다.

① ⊙, ㉢
② ⓒ, ㉢
③ ⊙, ㉢, ㉣
④ ⓒ, ㉢, ㉣

NOTE 이산화탄소의 23%는 카바미노헤모글로빈($HbCO_2$) 형태로 폐로 수송되고, 77%는 혈장에 녹아 중탄산염(HCO_3^-)형태로 폐로 수송되었다가 폐포 모세혈관에서 수소이온(H^+)과 결합하여 이산화탄소를 형성한다.

1 그림은 생물이 세포 호흡을 통해 포도당으로부터 최종 생성물과 에너지를 만들고, 이 에너지를 생명활동에 이용하는 과정을 나타낸 것이다. 이에 대한 설명으로 옳은 것만을 모두 고르면?

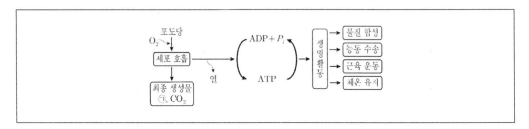

(가) ⊙은 H_2O이다.
(나) ATP가 $ADP + P_i$로 되는 과정에서 에너지가 흡수된다.
(다) 세포 호흡에서 발생한 에너지는 모두 ATP를 합성하는 데 이용된다.

① (가)

② (가), (나)

③ (나), (다)

④ (가), (나), (다)

> **NOTE** 세포 호흡은 포도당과 같은 기질이 산소와 반응해 에너지를 만들고 물(H_2O)과 이산화탄소(CO_2)를 생성하는 반응이다.
> (나) [×] ATP가 ADP와 P_i로 되는 과정은 에너지가 발생하는 반응으로 고에너지 인산결합이 하나 끊어질 때마다 7.3kcal의 에너지가 발생된다.
> (다) [×] 세포 호흡에서 발생한 에너지는 ATP뿐만 아니라 열에너지로도 다량 방출된다.

2 그림은 유전자형이 Hh인 대립 유전자가 포함된 한 쌍의 상동 염색체로, 이들 중 한 염색체의 구조를 점차 확대하여 나타낸 것이다. 이에 대한 설명으로 옳지 않은 것은? (단, 돌연변이와 교차는 고려하지 않는다)

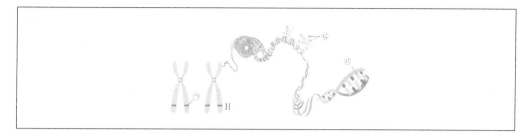

① ㉠은 대립 유전자 H이다.

② ㉡은 뉴클레오솜이다.

③ ㉢은 히스톤 단백질이다.

④ ㉣의 구성 성분으로 디옥시리보오스가 있다.

> **NOTE** ㉡은 히스톤 단백질과 DNA가 결합된 뉴클레오솜이고 ㉢은 히스톤 단백질, ㉣은 이중 나선 구조를 가지고 있는 DNA로 DNA의 단위체인 뉴클레오타이드는 디옥시리보스당과 인산, 염기(A, G, C, T)로 구성되어 있다.
>
> ① 유전자형이 Hh인 상동염색체이므로 H를 모계로부터 받았다고 가정했을 때 부계로부터는 h를 물려받았음을 알 수 있다.

ANSWER _ 1.① 2.①

3 그림의 개구리와 하마는 눈과 코가 물 위로 동시에 나올 수 있는 공통점이 있다. 이에 해당하는 생명 현상의 특성과 가장 관련 있는 것은?

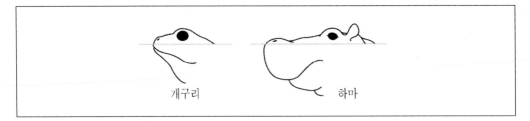

개구리　　　하마

① 거미는 진동을 감지하여 먹이에게 다가간다.

② 장구벌레는 변태 과정을 거쳐 모기가 된다.

③ 크고 단단한 종자를 먹는 서로 다른 종의 새들은 대부분 부리가 크고 두껍다.

④ 수생 식물의 잎에서 광합성이 일어나면 공기 방울이 생성된다.

> **NOTE** 생명현상의 특성 중 적응과 진화에 해당하는 그림이다.
> ① '자극에 대한 반응'의 예이다.
> ② '발생과 생장'에 대한 예이다.
> ④ '물질대사'에 해당하는 예이다.

4 생물의 물질대사를 나타낸 다음 사례 중 동화작용에 해당하는 것만을 모두 고르면?

> ㉠ 빛에너지를 흡수하여 이산화탄소와 물로부터 포도당이 합성된다.
> ㉡ 지방은 소화효소에 의해 지방산과 글리세롤로 분해된다.
> ㉢ 세포 호흡 과정에서 나온 에너지에 의해 ADP와 무기인산이 ATP로 합성된다.
> ㉣ 단백질이 에너지원으로 사용되면 이산화탄소, 물, 암모니아로 분해된다.

① ㉠, ㉡

② ㉠, ㉢

③ ㉡, ㉣

④ ㉢, ㉣

> **NOTE** 동화 작용은 저분자 물질이 에너지를 흡수해 고분자 물질로 합성되며 흡열반응이 일어난다.
> 이화 작용은 고분자 물질이 에너지를 방출하며 저분자 물질로 분해되며 발열반응이 일어난다.
> ㉡과 ㉣은 이화작용에 해당한다.

5 다음은 어떤 바이러스가 인체에 감염되어 발생하는 병과 관련한 약품 A를 제조하는 과정을 나타낸 것이다. 이에 대한 설명으로 옳은 것은?

> ㈎ 바이러스를 수집하고 선택하여 유정란에 넣어 배양한다.
> ㈏ 증식된 바이러스를 모아 농축하고 정제시킨다.
> ㈐ 바이러스의 단백질 껍질을 분쇄시킨다.
> ㈑ 바이러스의 특이 항원만 순수 분리하여 약품 A로 사용한다.

① 약품 A에는 이 바이러스에 대한 항체가 들어 있다.
② 약품 A를 이용하여 현재 감염된 바이러스 질병을 치료할 수 있다.
③ 약품 A를 접종한 사람은 체내에 이 항원에 대한 기억 세포가 생성된다.
④ 약품 A는 이 바이러스 외의 다른 바이러스에 의한 감염을 예방할 수 있다.

> **NOTE** 이 약품 A는 바이러스 특이 항원이 순수 분리되어 있는 것으로 예방접종(백신) 약품이라고 볼 수 있다. 약품 A가 체내로 처음 유입되었을 때 형질세포는 소량의 항체를 만들어 면역 작용에 관여하고, 기억세포가 생성되어 같은 항원이 재침입했을 때 기억세포가 빠르게 형질세포로 전환되어 다량의 항체를 신속하게 생산한다.
> ① 약품 A에는 이 바이러스 항원이 들어 있다.
> ② 백신은 병에 걸리기 전 예방 목적으로 쓰이므로 바이러스에 감염되었을 경우 치료 목적으로는 부적합하다.
> ④ 항원-항체 반응은 특이성이 있으므로 특정 항원은 특정 항체와만 반응해 약품 A는 이 바이러스에 대한 감염만 예방 가능하다.

6 표는 건강한 사람에게서 관찰되는 혈장, 원뇨, 오줌의 성분을 나타낸 것으로 A~C는 각각 단백질, 요소, 아미노산 중 하나이다. 이에 대한 설명으로 옳은 것은?

성분	포도당(%)	A(%)	B(%)	C(%)
혈장	0.10	0.05	8.00	0.03
원뇨	0.10	0.05	0.00	0.03
오줌	0.00	0.00	0.00	2.00

① A는 세뇨관에서 모세혈관으로 재흡수 된다.

② B의 양은 사구체보다 세뇨관에서 더 많다.

③ C는 분자량이 커서 여과되지 못한다.

④ 포도당은 분자량이 커서 세뇨관에서 모세혈관으로 재흡수되지 못한다.

> **NOTE** 혈장의 성분이 콩팥 겉질의 사구체의 높은 혈압에 의해 저분자 물질만 걸러지게 되는데 그 물질을 원뇨라고 하고, 원뇨는 세뇨관과 모세혈관 사이의 재흡수 및 분비 과정을 거쳐 오줌이 된다. A는 여과는 100% 되었지만 100% 재흡수 된 걸로 보아 아미노산이라고 볼 수 있다. B는 여과 자체가 안 되는 크기가 큰 분자로, 단백질이나 혈구라고 볼 수 있다. C는 오줌에서 농도가 진해지므로 요소라고 볼 수 있다.
> ② B는 사구체에서 보면주머니로 통과하지 못하므로 세뇨관에서는 관찰되지 않는다.
> ③ C는 원뇨에도 존재하므로 여과가능하다.
> ④ 포도당은 분자량이 작고 세뇨관에서 모세혈관으로 100% 재흡수 된다.

7 그림 (가)는 사람 눈의 동공 크기를 조절하는 자율신경 A와 B를, (나)는 A와 B 중 한 신경의 활동 전위 발생 빈도가 증가할 때 시간에 따른 동공 크기를 나타낸 것이다. 이에 대한 설명으로 옳은 것은?

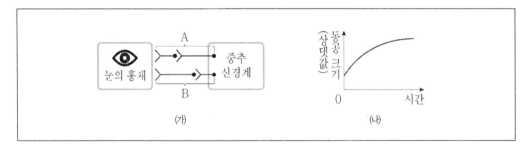

① A는 중추 신경계에 속한다.

② (나) 반응의 중추는 대뇌이다.

③ B의 신경절 이후 축삭돌기 말단에서 아세틸콜린이 분비된다.

④ (나)는 B에서 활동 전위 발생 빈도가 증가할 때 나타난 변화이다.

8 그림은 어떤 식물 군집에 불이 난 후의 천이 과정에서 측정된 총생산량과 호흡량의 변화를 나타낸 것으로 A와 B는 각각 총생산량과 호흡량 중 하나이다. 이에 대한 설명으로 옳은 것은?

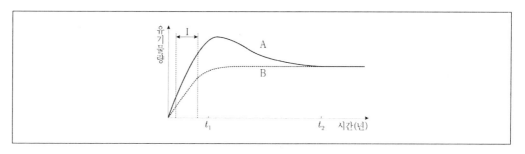

① 불이 난 후의 천이 과정에서 개척자는 지의류이다.

② A는 호흡량이다.

③ I 구간에서 순생산량은 점차 증가한다.

④ 지표면에 도달하는 빛의 세기는 t_1일 때가 t_2일 때보다 더 약하다.

9 다음 분꽃 꽃잎 색깔의 유전을 알아보기 위한 실험에 대한 설명으로 옳은 것은? (단, 돌연변이와 교차는 고려하지 않는다)

> • 붉은색 분꽃과 흰색 분꽃은 모두 순종이다.
> • 붉은색 분꽃과 흰색 분꽃을 교배하여 잡종 1대(F_1)를 얻었더니 모두 분홍색 분꽃의 개체만 나왔다.
> • F_1을 자가 수분하여 잡종 2대(F_2)를 얻었다.

① 복대립 유전에 해당한다.

② 붉은색 꽃 형질은 흰색 꽃 형질에 대해 우성이다.

③ F_2에서 붉은색 분꽃 : 흰색 분꽃 = 3 : 1이다.

④ F_2에서는 표현형의 분리비와 유전자형의 분리비가 같게 나타난다.

> **NOTE** 중간유전 결과 F_2에서 표현형의 분리비와 유전자형의 분리비는 같다.
> ① 대립유전자간 우열 관계가 불분명한 중간유전이다.
> ② 붉은 꽃 형질과 흰색 꽃 형질의 우열 관계는 불분명하다.
> ③ F_2에서 붉은색 : 분홍색 : 흰색 = 1 : 2 : 1이다.

10 표는 어떤 식물 종에서 유전자형이 AaBb인 개체 P1과 P2를 각각 검정 교배하여 얻은 자손(F1)의 표현형에 따른 개체수를 나타낸 것으로 A는 a, B는 b와 각각 대립 유전자이며 완전 우성이다. 이에 대한 설명으로 옳은 것은? (단, 돌연변이와 교차는 고려하지 않는다)

구분	자손(F_1)의 표현형			
	A_B_	A_bb	aaB_	aabb
P1 검정 교배	0	100	100	0
P2 검정 교배	100	0	0	100

① P1에서 A와 B는 같은 염색체에 위치한다.

② P2에서 유전자형 aB를 가지는 생식 세포가 만들어진다.

③ P1을 자가 교배하면 자손(F_1)의 표현형의 비는 A_B_ : A_bb : aaB_ : aabb = 1 : 1 : 1 : 1이다.

④ P2를 자가 교배하면 자손(F_1)의 표현형의 비는 A_B_ : A_bb : aaB_ : aabb = 3 : 0 : 0 : 1이다.

> **NOTE** 검정교배는 열성 순종 개체와 교배시키는 것으로, 생식세포 유전자형을 알 수 있다. P1은 상반연관으로 Ab, aB가 연관되어 있고 P2는 상인연관으로 AB와 ab가 연관되어 있다. P2를 자가교배하면 자손의 표현형의 비는 A_B_ : A_bb : aaB_ : aabb = 2 : 1 : 1 : 0이 나온다.
> ① P1에서는 A와 b가 같은 염색체에 위치한다.
> ② P2에서는 aB를 가지는 생식세포는 형성할 수 없다.
> ③ P1을 자가교배하면 자손의 표현형의 비는 A_B_ : A_bb : aaB_ : aabb = 3 : 0 : 0 : 1로 나온다.

11 다음 효모를 이용한 실험에 대한 설명으로 옳지 않은 것은?

〈과정〉

(가) 발효관 A~C에 각각의 용액을 표와 같이 넣는다.

맹관부
솜마개

발효관	용액
A	10% 포도당 용액 20mL + 효모액 15mL
B	10% 설탕 용액 20mL + 효모액 15mL
C	증류수 20mL + 효모액 15mL

(나) 각 발효관의 입구를 솜으로 막은 후 2시간 후에 맹관부에 모인 기체의 부피를 측정한다.

〈결과〉

구분	A	B	C
기체의 부피	++++	++	없음

(+가 많을수록 기체 발생량이 많음)

① 맹관부에 모인 기체는 CO_2이다.

② 이 실험의 종속변인은 맹관부에 모인 기체의 부피이다.

③ 실험 종료 후 발효관에 수산화칼륨(KOH) 수용액을 넣으면 맹관부에 모인 기체의 부피가 증가한다.

④ 효모는 산소가 공급되지 않으면 무기 호흡을 한다.

NOTE 효모의 무산소 호흡을 확인하는 실험으로, 무산소 호흡 후에 이산화탄소 기체가 발생한다. 발생한 이산화탄소 기체 양을 통해 효모의 무산소 호흡이 얼마나 활발한지 비교가능하다.
③ 수산화칼륨 수용액은 이산화탄소를 흡수해 제거하므로 이 용액을 넣으면 맹관부에 모인 기체 부피가 감소한다.

12 그림은 생태계를 구성하는 요소 사이의 상호 관계를 나타낸 것이다. 이에 대한 설명으로 옳지 않은 것은?

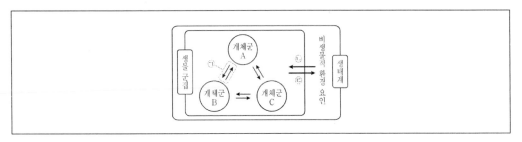

① 기러기가 집단으로 이동할 때 한 마리의 리더를 따라 이동하는 현상은 ㉠이다.

② 일조 시간이 식물의 개화에 영향을 미치는 현상은 ㉡이다.

③ 지렁이가 토양 속에 틈을 만들어 통기성을 증가시키는 현상은 ㉢이다.

④ 온도는 비생물적 환경 요인이고, 분해자는 생물적 요인이다.

> **NOTE** ㉠은 상호 작용, ㉡은 작용, ㉢은 반작용이다. 기러기의 리더제는 같은 종 내 상호작용에 해당하므로 ㉠에 속하지 않는다.

13 그림 (가)와 (나)는 담배 모자이크 바이러스와 메뚜기를 각각 나타낸 것이다. 이에 대한 설명으로 옳은 것은?

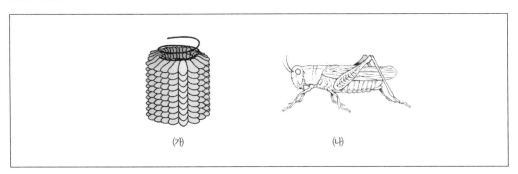

(가)   (나)

① (가)는 스스로 물질대사를 할 수 있다.

② (가)는 미토콘드리아와 같은 세포소기관을 가진다.

③ (나)는 DNA와 단백질로만 이루어진 간단한 형태이다.

④ (가)와 (나)는 모두 유전 물질로 핵산을 가지고 있다.

> **NOTE** (가)는 바이러스로, 단백질과 핵산으로만 구성되어 있고 스스로 물질대사를 하지 못해 숙주 내 활물기생하며 살아간다. 또한 세포 구조를 갖지 않고 세포 소기관도 가지지 않는다. (나)는 동물계에 속하며 세포 구조를 가지고 세포 소기관도 가지며 복잡한 구조를 가진다. (가)와 (나)는 모두 핵산을 유전물질로 가진다.

14 그림은 뇌하수체에서 분비되는 항이뇨 호르몬(ADH)과 갑상샘 자극 호르몬(TSH)의 작용을 나타낸 것으로 A와 B는 각각 뇌하수체 전엽과 뇌하수체 후엽 중 하나이다. 이에 대한 설명으로 옳은 것은?

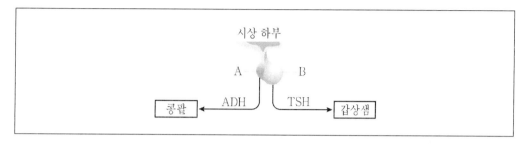

① A는 뇌하수체 전엽이다.

② ADH는 콩팥에 작용하여 수분의 재흡수를 촉진한다.

③ TSH의 분비량이 증가하면 티록신의 분비가 억제된다.

④ ADH와 TSH는 별도의 분비관을 갖는 외분비샘에서 분비된다.

> **NOTE** A는 ADH를 분비하는 것으로 보아 뇌하수체 후엽이고, B는 뇌하수체 전엽이다.
> ③ TSH는 갑상샘을 자극시키는 호르몬으로 TSH 분비량이 증가하면 티록신 분비도 증가한다.
> ④ ADH와 TSH는 모두 내분비샘에서 생성 및 분비된다.

ANSWER _ 12.① 13.④ 14.②

15 그림은 개체군의 생장 곡선을 나타낸 것으로 A와 B는 각각 '이론적 생장 곡선'과 '실제 생장 곡선'이다. 이에 대한 설명으로 옳은 것은?

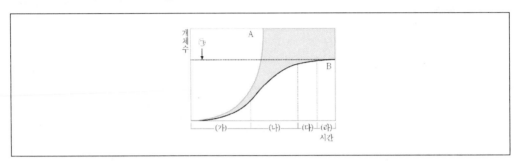

① ㉠은 개체군의 생장을 억제하는 요인인 환경 저항을 나타낸다.

② 실제 생장 곡선에서 (가)구간일 때보다 (나)구간일 때 개체 간의 경쟁이 더 심하다.

③ 이론적 생장 곡선에서 (나)구간의 단위 시간당 개체 수 증가율은 0이다.

④ 실제 생장 곡선의 경우 (라)구간에서는 환경 저항이 작용하지 않는다.

> **NOTE** 개체군의 생장 곡선에서 J자형은 '이론상 생장곡선'으로, 시간이 지날수록 개체수가 급증하는 형태를 띠고 있고, S자형은 '실제 생장곡선'이다. 실제 생장 곡선에서는 개체수가 증가하다가 일정해지는데 그것에 영향을 미치는 것으로는 환경저항이 있다.
> ① ㉠은 환경 수용력으로 환경이 수용할 수 있는 범위이다.
> ③ 이론적 생장 곡선에서 (나)구간의 단위시간당 개체 수 증가율은 점점 감소하지만 0은 아니다.
> ④ 실제 생장 곡선의 경우 (라)구간에서도 환경 저항은 작용한다.

16 표는 승호네 가족에서 어떤 유전 질환의 발현에 관여하는 대립유전자 A와 A'의 DNA 상대량을 나타낸 것이다. 이에 대한 설명으로 옳은 것만을 모두 고르면? (단, 승호는 남자이고, 돌연변이와 교차는 고려하지 않는다)

구성원	DNA 상대량	
	A	A'
아버지	ⓐ	1
어머니	ⓑ	ⓒ
누나	1	1
형	1	0
승호	ⓓ	1

㉠ ⓐ + ⓑ = ⓒ + ⓓ이다.
㉡ A는 성염색체 X에 존재한다.
㉢ 만약 승호의 동생이 태어난다면, 동생과 어머니의 유전자형이 같을 확률은 $\frac{1}{2}$이다.

① ㉠, ㉡
② ㉠, ㉢
③ ㉡, ㉢
④ ㉠, ㉡, ㉢

NOTE A와 A'의 합이 성별에 따라 다르므로 X 염색체상에 유전자가 있음을 알 수 있다. 형과 승호가 각각 A와 A'을 하나씩 가지므로 어머니는 AA'의 유전자형을 가짐을 알 수 있다. 아버지는 남자이므로 A와 A'의 합이 1이 되어야 하므로 A 유전자를 가지지 않는다. 즉 ⓐ = 0, ⓑ = 1, ⓒ = 1, ⓓ = 0이다.
㉢ [×] $X^A Y \times X^A X^{A'} \rightarrow X^A X^{A'}$, $X^A X^{A'}$, $X^A Y$, $X^{A'} Y$이므로 동생과 어머니의 유전자형이 같을 확률은 $\frac{1}{4}$이다.

17 그래프는 어떤 신경 세포에 역치 이상의 자극을 주었을 때 막전위 변화를 나타낸 것이다. 이에 대한 설명으로 옳은 것은?

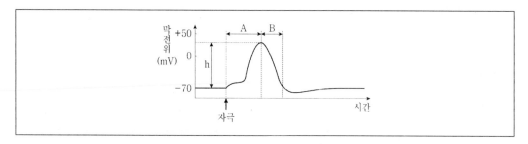

① A구간에서는 K^+통로를 통해 K^+이 세포 내로 유입된다.

② B구간에서는 막을 통한 이온의 이동이 없다.

③ 이 자극보다 세기가 더 큰 자극을 주면 h값이 커진다.

④ 휴지막 전위는 −70mV이다.

> NOTE ① A구간은 탈분극이 진행되는 구간으로 Na^+ 통로를 통해 Na^+이 세포 내로 유입된다.
> ② B구간에서는 K^+ 통로를 통해 K^+이 세포 밖으로 유출된다.
> ③ 자극이 더 커져도 활동전위 값은 그대로이고 활동 전위 빈도만 증가한다.

18 다음은 두 집안의 색맹 유전을 나타낸 가계도이다. 이에 대한 설명으로 옳지 않은 것은? (단, 돌연변이와 교차는 고려하지 않는다)

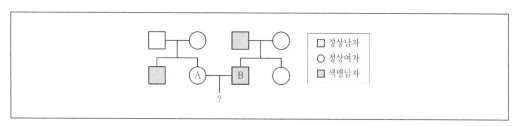

① A의 어머니는 보인자이다.

② 색맹은 정상에 대해 열성이다.

③ B의 색맹 유전자는 아버지로부터 물려받은 것이다.

④ A와 B 사이에서 색맹인 자손이 태어날 확률은 $\frac{1}{4}$이다.

> NOTE A의 오빠가 색맹이므로 A의 어머니는 보인자이다. 또한 A의 부모는 정상이지만 색맹 아들이 태어났으므로 색맹은 열성 유전이라는 것을 알 수 있다. A와 B 사이에서 색맹인 자손이 태어날 확률은 $\frac{1}{2}$이다.
> ③ B의 색맹 유전자는 X염색체 위에 있으므로 어머니로부터 물려받았다.

19 다음 완두의 꽃 색깔 유전 현상에 대한 설명으로 옳은 것은? (단, 돌연변이와 교차는 고려하지 않는다)

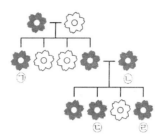

- 🌸은 보라색 꽃, ✿은 흰색 꽃이다.
- 꽃 색은 한 쌍의 대립 유전자 T와 t에 의해 결정된다.
- 대립 유전자 T는 t에 대해 완전 우성이다.
- ㉣의 자손은 모두 보라색 꽃만 나타낸다.

① 대립 유전자 T는 흰색 표현형을 나타낸다.

② ㉠과 ㉡의 유전자형은 같다.

③ ㉢의 유전자형이 이형접합일 확률은 $\frac{1}{4}$ 이다.

④ ㉣을 검정 교배할 시 태어나는 자손들의 유전자형은 모두 동형접합이다.

> **NOTE** 보라색 꽃끼리 교배했을 때 흰색 꽃이 나오는 것으로 보아 흰색 유전자가 열성임을 알 수 있다. 즉 T는 보라색, t는 흰색 유전자이다. ㉣의 자손은 모두 보라색 꽃만 나타나는 것으로 보아 ㉣은 동형 접합인 TT이다.
> ① T는 보라색 표현형을 나타낸다.
> ③ ㉢의 유전자형이 이형접합일 확률은 $\frac{1}{2}$ 이다.
> ④ ㉣은 TT이므로 검정교배 시 자손은 모두 Tt로 모두 이형접합이다.

20 그림 (가)는 어떤 동물의 세포 주기를, (나)는 이 동물의 난자와 그 안에 들어 있는 염색체를 나타 낸 것으로 M_1기와 M_2기는 각각 감수 1분열과 감수 2분열이다. 이에 대한 설명으로 옳은 것은? (단, 돌연변이는 고려하지 않는다)

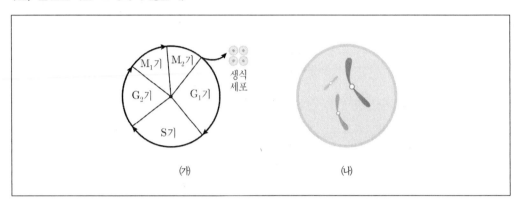

① (나)는 M_1기의 세포이다.

② M_2기에 2가 염색체가 관찰된다.

③ 이 동물의 체세포에는 6개의 염색체가 있다.

④ G_1기 세포의 핵 1개당 DNA양은 (나)의 DNA양의 4배이다.

> **NOTE** (나)의 핵상이 n = 3이므로 이 동물의 체세포(2n)에는 6개의 염색체가 있다.
> ① (나)는 감수 2분열이 끝난 상태의 세포이다.
> ② 2가 염색체는 M_1기에 관찰된다.
> ④ G_1기 세포의 핵 1개당 DNA양은 복제되기 전이므로 (나)의 2배이다.

ANSWER _ 20.③

MEMO

MEMO

수험서 전문출판사 서원각

목표를 위해 나아가는 수험생 여러분을 성심껏 돕기 위해서 서원각에
서는 최고의 수험서 개발에 심혈을 기울이고 있습 니다. 희망찬 미래
를 위해서 노력하는 모든 수험생 여러분을 응원합니다.

공무원 대비서

취업 대비서

군 관련 시리즈

자격증 시리즈

동영상 강의

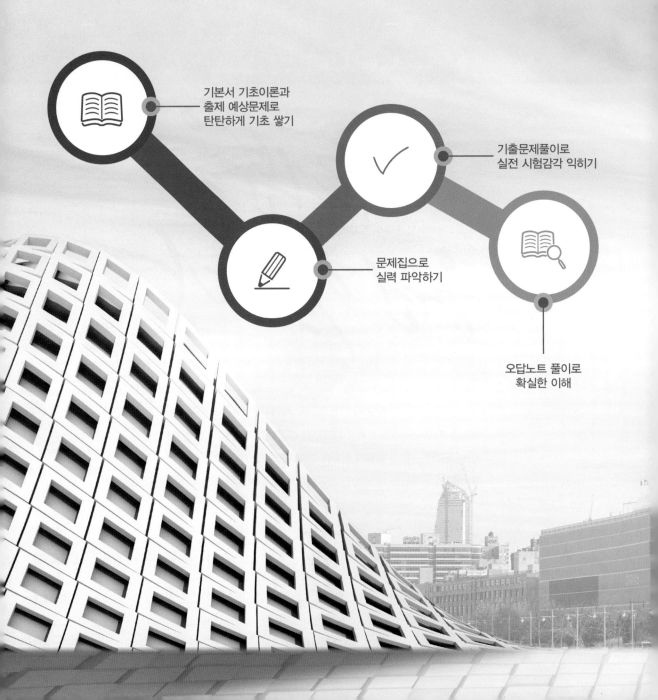

서원각과 함께하는
공무원 시험대비

기본서 기초이론과
출제 예상문제로
탄탄하게 기초 쌓기

기출문제풀이로
실전 시험감각 익히기

문제집으로
실력 파악하기

오답노트 풀이로
확실한 이해

서원각 공무원 시리즈

● **기본서**
－파워특강
－(직렬별)전과목 총정리

● **문제집**
－필통(반드시 시험에 통하는)
－빅데이터

● **기출문제집**
－최근 10개년 기출문제
－최근 5개년 기출문제
－(직렬별)기출문제 정복하기

자격증 BEST SELLER

매경TEST 출제예상문제

TESAT 종합본

청소년상담사 3급

임상심리사 2급 필기

유통관리사 2급

직업상담사 1급 필기·실기

사회조사분석사 사회통계 2급

초보자 30일 완성 기업회계 3급

관광통역안내사 실전모의고사

국내여행안내사 기출문제

손해사정사1차시험

건축기사 기출문제 정복하기

건강운동관리사

2급 스포츠지도사

택시운전 자격시험 실전문제

농산물품질관리사